汉竹编著·亲亲乐读系列

孕期营养餐
每日一页

陆雅坤 主编

江苏凤凰科学技术出版社
全国百佳图书出版单位
·南京·

图书在版编目（CIP）数据

孕期营养餐每日一页 / 陆雅坤主编 .— 南京：江苏凤凰科学技术出版社，2022.03

（汉竹·亲亲乐读系列）

ISBN 978-7-5713-1829-1

Ⅰ.①孕… Ⅱ.①陆… Ⅲ.①孕妇－妇幼保健－食谱 Ⅳ.① TS972.164

中国版本图书馆 CIP 数据核字 (2021) 第 049698 号

凤凰汉竹

中国健康生活图书实力品牌

孕期营养餐每日一页

主　　　编	陆雅坤
编　　　著	汉竹
责 任 编 辑	刘玉锋　黄翠香
特 邀 编 辑	李佳昕　张　欢
责 任 校 对	仲　敏
责 任 监 制	刘文洋

出 版 发 行	江苏凤凰科学技术出版社
出版社地址	南京市湖南路 1 号 A 楼，邮编：210009
出版社网址	http://www.pspress.cn
印　　　刷	合肥精艺印刷有限公司

开　　　本	720 mm × 1 000 mm　1/16
印　　　张	14
字　　　数	250 000
版　　　次	2022 年 3 月第 1 版
印　　　次	2022 年 3 月第 1 次印刷

标 准 书 号	ISBN 978-7-5713-1829-1
定　　　价	39.80 元

图书印装如有质量问题，可随时向我社印务部调换。

编辑导读

"怀孕后，饮食有哪些注意事项？"

"孕吐吃不下东西，怎么办？"

"吃什么有助于宝宝发育？"

"食物怎样搭配吃才能不长胖？"

……

许多孕妈妈都在为孕期吃什么而发愁，或是不知道孕期饮食的重点，或是担心食物营养不够而影响胎宝宝发育，或是食欲不振……本书的初衷就是为了解决孕妈妈的这些烦恼，让孕妈妈吃对、吃好，吃出营养和健康。

本书每月有宜不宜速查和饮食指导，每周有食谱推荐，每天有美食制作方法及套餐搭配。充分考虑孕妈妈的现实状况，让孕妈妈饮食无忧。此外，本书还会涉及孕期营养补充与体重增长之间的知识点，使孕妈妈轻松实现健康"瘦孕"。

大部分孕妈妈都会出现孕期便秘、长斑、失眠、水肿、孕吐等不适，基于这一点，本书为孕妈妈提供有针对性的食疗方帮其缓解。让孕妈妈再也不用为吃什么、吃多少和怎么吃而烦恼。

孕期宜常吃的食物

核桃
——出类拔萃的"益智果"

核桃味道香脆可口，营养价值很高，自古就被中医称为"长寿果""益智果"。核桃能补肾健脑、补中益气、润肌肤、乌须发，也是为胎宝宝补脑的佳果。

鸡蛋
——富含完全蛋白和卵磷脂

鸡蛋所含营养丰富而全面，有营养学家称之为"理想的营养库"，是孕期和产后较为常见的一种营养食品。

红枣
——能促进补血的"百果之王"

红枣含有丰富的维生素C，怀孕之后，红枣就成了孕妈妈的亲密伙伴。红枣含糖量高，有妊娠糖尿病的孕妈妈最好少吃。

牛肉
——补铁养血的"肉中骄子"

牛肉味道鲜香，蛋白质含量高。孕妈妈不妨适当多吃牛瘦肉，不仅能增长力气，还能增强自身体质。但是，孕妈妈最好不要吃生牛肉，如未熟的牛排。

苹果
——"全方位的健康水果"

苹果味道酸甜可口，还富含果胶、维生素等营养物质。对于孕妈妈来说，更是好处多多，既能补充丰富而均衡的营养，又能起到美容瘦身作用，可以说是最受欢迎的水果之一。

牛奶

——孕妈妈理想的补钙"法宝"

"一杯牛奶强壮一个民族""接近完美的食品"是人们赋予牛奶的美誉。想从日常饮食中摄入钙质，牛奶就是最佳的来源之一。

玉米

——常见的"长寿食品"

玉米含有丰富的蛋白质、脂肪、维生素、微量元素、膳食纤维及多糖等，素有"长寿食品"的美称。

鲫鱼

——优质的催奶"高手"

鲫鱼肉味鲜美，肉质细嫩，营养全面，口感鲜嫩，催乳效果极佳，是传统的孕产期滋补食品。

香菇

——增强免疫力的"蘑菇皇后"

从孕期、分娩到产后，香菇都是孕妈妈及新妈妈的优选食品。鲜香菇是高蛋白、低脂肪、低碳水化合物，且富含维生素和矿物质的保健食品，能够增强孕妈妈和胎宝宝的免疫力。

西红柿

——缓解孕吐的"得力助手"

西红柿富含类胡萝卜素、维生素 C 和 B 族维生素，它角色多变，人称"蔬菜中的水果"。无论是外形还是滋味，都令人连连称赞，在被呕吐困扰的孕早期，它可是孕妈妈缓解孕吐的"得力助手"。

目录

孕1月
补叶酸，防畸形

孕2月
叶酸继续，补足蛋白质

孕 3 月
补镁和维生素 A

孕 4 月
注重补碘

孕 5 月
补维生素 D 和钙

孕 6 月
补铁，预防缺铁性贫血

孕7月
补膳食纤维，防便秘

孕8月
适量补充不饱和脂肪酸

孕9月
加餐以蔬果为主

孕10月
补维生素 B$_{12}$ 和维生素 K

孕期不适，从吃调理

附录：坐月子吃什么速查

孕1月
补叶酸，防畸形

　　这时候的孕妈妈往往不知道自己已经怀孕了，不太注意饮食问题。然而，孕早期如果缺乏叶酸，很可能会引起胎宝宝神经管发育缺陷，从而导致畸形。有的胎宝宝不知不觉就来了，孕妈妈没来得及补叶酸也不要着急，如果准爸爸和孕妈妈身体都很健康，从知道怀孕的那一刻开始补叶酸，并不会耽误胎宝宝的生长发育。

孕1月 宜不宜速查

知道自己怀孕之后，为了让胎宝宝"吃"得更好，有的孕妈妈马上就开始进补。其实现在胎宝宝还很小，对营养的需求也不大，孕妈妈只要维持正常饮食，保证质量就可以了，但要注意以下饮食宜与不宜。

宜

- 多吃一些富含叶酸的食物，如菠菜、油菜等绿叶蔬菜以及动物肝脏，有益胎宝宝神经系统和大脑发育。

- 孕妈妈用早孕试纸自测怀孕时，最好在月经迟来两周后再做，太早不容易测出来。

- 孕妈妈和胎宝宝之间有着微妙的精神联系，孕妈妈的情绪将影响胎宝宝的发育。从这个月起，要努力做一个快乐的孕妈妈。

- 可以提早储备一些孕产知识，为健康孕育制订一份计划，做个有准备的孕妈妈。

不宜

- 工作中靠喝花茶来提神的习惯恐怕要改一改了，孕妈妈可以尝试着喝些蔬果汁来补充体力。

- 酒精、烟草及一些药物可能会导致流产，孕妈妈要注意避免。

- 如果这个阶段出现体温升高、嗜睡等类似感冒的症状，孕妈妈不要草率地去吃药，因为这可能是胎宝宝到来的征兆。

- 怀孕初期，有些孕妈妈会容易犯困、嗜睡，不要以为是工作太累而用咖啡来激发身体的动力，而应考虑到可能是怀孕了，看看最后一次月经的时间吧。

- 回想一下近3个月有没有去做腹部和胸部的X线透视，孕早期接触X线很可能会引起胎宝宝畸形。

偏胖的孕妈妈不宜大量进补

偏胖的孕妈妈在发现怀孕后不要大量进补，而是要在平衡饮食的基础上控制热量摄入，主要是少吃糖和脂肪含量高的食物。食谱中可适当增加一些豆类，这样既可以保证蛋白质的供给，又能控制脂肪摄入量。

孕1月 饮食营养全知道

孕妈妈这个月不用太紧张，饮食上也不必做太大变动，但是要注意营养均衡，叶酸、蛋白质、碳水化合物、维生素、矿物质一样也不能少。孕妈妈要做的就是增强自己的抵抗力，让自己身体棒棒的，为胎宝宝的健康打下坚实的基础。

叶酸继续补

孕前要补叶酸，孕后还要继续补充。叶酸是胎宝宝神经发育的关键营养素，是蛋白质和核酸合成的必需因子。血红蛋白、红细胞、白细胞快速增生，氨基酸代谢，大脑中长链脂肪酸的代谢都少不了叶酸。孕早期是胎宝宝中枢神经系统生长发育的关键期，脑细胞增殖迅速，非常容易受到致畸因素的影响。如果在此关键期补充叶酸，可以使胎宝宝患神经管畸形的危险性降低。

孕妈妈孕早期每天喝牛奶最好不要超过400毫升，否则营养难以完全吸收，且会给肠胃带来负担。

选自己喜欢吃的

在不影响营养的情况下，孕妈妈可以选择自己喜欢吃且有利于胎宝宝发育的食物。"专家说了，这个有营养，这个必须多吃"，如果专家推荐的全是自己平时不爱吃的，那可惨了。其实不必这样，选自己喜欢吃的很重要，只要不是孕期特别要忌口的食物都可以，只有胃舒服了，心情才能好，胎宝宝才健康。另外，要注意食物品种别太单一，别总是吃那几样就可以。

每天一杯牛奶

孕妈妈孕期要补钙，一方面是满足自身需要，另一方面是源源不断地为胎宝宝的生长发育输入营养。孕妈妈补钙的较好方法是喝牛奶，每100毫升牛奶中约含有100毫克钙，不但其中的钙较容易被吸收，而且磷、钾、镁等多种矿物质和氨基酸的比例也十分合理。孕早期每天喝200~400毫升牛奶，就能保证钙等矿物质的摄入。

水也是不容忽视的"营养素"

经过调查,孕期最容易被忽视的营养素有三种:一是水,二是新鲜的空气,三是阳光。除了必要的食物营养之外,孕妈妈还需要补水。水占人体体重的70%左右,是体液的主要成分,具有调节体内各组织及维持正常的物质代谢的功能。但孕妈妈饮水不宜过多,每天1~1.5升为宜,如果摄入过多,会引起或加重水肿症状。孕妈妈可以根据季节和身体状况调节摄入水量,一般每天不宜超过2升。

定期称体重,营养不过剩

为了胎宝宝,孕妈妈常常为吃多少营养品而苦恼,但体重是可衡量的,孕妈妈可以通过每周称1次体重来判断营养摄入情况。孕前体重正常的情况下,孕1月到孕3月,孕妈妈的体重会增长1~2千克;3个月后,每周增长0.35~0.5千克;胎宝宝快要出生时,孕妈妈的体重会比孕前增长11.5~16千克。如果孕妈妈的体重增长过快或者肥胖过度,应该及时调整饮食结构,积极去医院咨询,接受营养指导。

叶酸并非补得越多越好

在孕早期,叶酸缺乏可能会引起胎宝宝神经管畸形及其他的先天性畸形和流产。叶酸在血红蛋白合成中也起着重要作用,缺乏可能会引起孕妈妈巨幼红细胞贫血。但是,过量摄入叶酸可能会导致某些进行性的、未知的神经损害的危险增加。临床显示,孕妈妈对叶酸的日摄入量可耐受上限为1 000微克,每天摄入400~800微克的叶酸对预防神经管畸形和其他生理缺陷非常有效。

先别使劲补,饮食有节制

孕妈妈平时可以用枸杞子、羊肉、百叶、鸭肉等温热性的食物熬粥或炖汤,滋补的同时还能养胃护脾。每次1小碗,注意不要过量,过量会增加肾的负担,不利于健康。另外,孕妈妈若过多食用动物肝脏,体内维生素A会明显增多,从而影响胎宝宝的大脑和心脏发育。

流动水洗蔬果,农药少残留

孕妈妈如果食用被农药污染的蔬菜、水果后,易导致胎宝宝生长发育迟缓,所以孕妈妈在食用蔬果之前,一定要用流动水充分洗净后再食用。

有些蔬果遇水会加速腐坏,因此吃多少洗多少是最好的。

周一

一日餐单

- 早餐：豆包 + 香菇肉粥 + 苹果
- 午餐：米饭 + 芝麻圆白菜 + 鸭血豆腐汤
- 晚餐：黄豆粥 + 鸡蛋饼 + 香菇油菜
- 加餐：酸奶

芝麻圆白菜
补充叶酸、
维生素 C

周二

一日餐单

- 早餐：小米粥 + 凉拌土豆丝 + 鸡蛋
- 午餐：芦笋蛤蜊饭 + 红枣炖鲤鱼
- 晚餐：米饭 + 芹菜苹果汁 + 百合炒肉
- 加餐：核桃仁 + 牛奶

甜椒炒牛肉
补铁防贫血

周日

一日餐单

- 早餐：牛奶 + 全麦面包 + 草莓
- 午餐：米饭 + 玉米青豆虾 + 凉拌豆干丝
- 晚餐：糙米饭 + 甜椒炒牛肉 + 百合汤
- 加餐：板栗

周六

一日餐单

- 早餐：豆浆 + 面包 + 猕猴桃
- 午餐：米饭 + 凉拌藕片 + 煎鳕鱼
- 晚餐：花卷 + 蔬菜沙拉 + 红枣牛肉羹
- 加餐：酸奶

芦笋蛤蜊饭
补锌、补叶酸

周三
一日餐单
- 早餐：鸡蛋 + 鲜奶粥 + 青菜沙拉
- 午餐：米饭 + 丝瓜金针菇 + 乌鸡滋补汤
- 晚餐：生姜羊肉粥 + 黄花菜炒黄瓜 + 烧饼
- 加餐：橘子汁

周四
一日餐单
- 早餐：豆浆 + 肉夹馍 + 橘子
- 午餐：米饭 + 蒜蓉茄子 + 家常焖鳜鱼
- 晚餐：三鲜包子 + 彩椒鸡丝
- 加餐：鹌鹑蛋 + 牛奶

虾仁豆腐
富含蛋白质和钙

周五
一日餐单
- 早餐：花卷 + 小米粥 + 蒜蓉油麦菜 + 炒蛋
- 午餐：红豆饭 + 醋熘白菜 + 抓炒鱼片
- 晚餐：米饭 + 虾仁豆腐 + 牛奶洋葱汤
- 加餐：粗粮饼干

孕1月
一周营养食谱推荐

胎宝宝寄语：亲爱的爸爸妈妈，我来啦！

我是你们日思夜想的宝宝，我已经悄悄地在妈妈温暖的子宫里"安营扎寨"了，只不过你们还浑然不知呢！也许我的小把戏已经被妈妈识破，一些反应让你感到不舒服。不过，妈妈为了我可一定要好好吃饭哦！

孕1月 营养食谱

▶ 保持正常饮食，不用大补

🍴 第1天 芹菜炒牛肉

搭配
○ 香椿芽拌豆腐　　○ 米饭
○ 什锦西蓝花　　　○ 苹果

原料：牛肉 150 克，芹菜 200 克，葱丝、姜末、淀粉、料酒、白糖、酱油、盐各适量。

做法：①牛肉洗净，切丝，加入盐、料酒、酱油、淀粉、少许白糖、清水，拌匀，略腌。②芹菜洗净，去叶，切段。③锅中放油，倒入葱丝、姜末煸香，放入腌制好的牛肉丝和芹菜段，炒匀，加水，放少许白糖、盐调味。

■ **补妈妈壮宝宝：**补充蛋白质、血红素铁。

换食材不减营养：可将芹菜换成青尖椒，辛辣口感可增强孕妈妈食欲。

🍴 第2天 鲫鱼丝瓜汤

搭配
○ 清炒虾仁　　　○ 烙饼
○ 芹菜拌花生　　○ 核桃

原料：鲫鱼 1 条，丝瓜 100 克，葱段、姜片、盐各适量。

做法：①鲫鱼处理干净，切小块。②丝瓜去皮，洗净，切成段。③锅中放入清水，把丝瓜和鲫鱼一起放入锅中，再放入葱段、姜片、盐，先用大火煮沸后改用小火慢炖至鱼熟。

■ **补妈妈壮宝宝：**鲫鱼富含蛋白质，可为本月胎宝宝的发育提供营养。

丝瓜具有清热解毒的功效。

孕 1 月的饮食不必做太大变动，但是要注意营养均衡，并适当多摄取一些富含蛋白质、卵磷脂、维生素的食物，同时注意饮食，趋利避害，让胚胎在舒适的环境下着床。

🍴 第 3 天 蒸茄泥

搭配
○ 香煎吐司　　　　○ 黄豆芝麻粥
○ 枣杞蒸鸡　　　　○ 核桃

妈妈也可以选择嫩茄子，带皮吃，因茄子皮中富含维生素P。

原料： 长茄子 200 克，芝麻酱、盐各适量。

做法： ①长茄子洗净，切成细条，隔水蒸10 分钟左右，将蒸好的茄子去皮，捣成泥，备用。②芝麻酱加适量盐，之后用温开水稀释，均匀浇在茄泥上，拌匀，即可。

■ **补妈妈壮宝宝：** 此菜富含钙及多种维生素，适合孕妈妈食用。

本月必吃助孕食材：西蓝花

西蓝花质地细嫩、味甘鲜美，食用后易消化吸收，其嫩茎中的膳食纤维烹炒后柔嫩可口，还可加速肠蠕动。西蓝花还含有丰富的维生素 C 和叶酸，可以降低胚胎畸形的发生概率。

西蓝花营养成分全面，含量也高，十分适合孕妈妈食用。

吃自己喜欢吃的

■ 在不影响营养的情况下，孕妈妈可以选择自己喜欢吃且有利于胎宝宝发育的食物。

■ 选自己喜欢吃的很重要，只要不是孕期特别要忌口的过咸、过甜、过油的食物都可以。

■ 选自己喜欢吃的食物的同时，孕妈妈要注意食物品种别太单一，要合理规划饮食结构与种类，保证营养均衡。

🍴 第4天 棒骨海带汤

搭配　○ 三明治　　　○ 拌土豆丝
　　　○ 红枣炖鲤鱼　○ 蔬果汁

原料：水发海带丝100克，猪棒骨500克，葱段、姜片、醋、盐各适量。

做法：①猪棒骨氽水，放入热水锅中，加葱段、姜片，六成熟时放入海带丝，加醋。②猪棒骨煮至熟透，起锅前放盐调味。

■补妈妈壮宝宝：海带是补碘佳品，猪棒骨中有营养丰富的骨髓，适合孕妈妈食用。

换食材不减营养：可将猪棒骨换成牛肉，其富含优质蛋白质。

🍴 第5天 什锦西蓝花

搭配　○ 豆腐馅饼　　○ 醋熘白菜
　　　○ 鲫鱼冬瓜汤　○ 蚝油草菇

原料：西蓝花、菜花各200克，胡萝卜100克，白糖、醋、香油、盐各适量。

做法：①西蓝花、菜花分别洗净，掰小朵；胡萝卜洗净去皮，切片。②将全部蔬菜放入开水中焯熟，凉凉盛盘，加少许白糖、醋、香油、盐，搅拌均匀即可。

■补妈妈壮宝宝：此菜富含蛋白质、胡萝卜素等营养素。

换食材不减营养：西蓝花还可以与鲜虾同食，营养又爽口，是胃口不佳的孕妈妈的良好选择。

第 6 天 芦笋蛤蜊饭

搭配
- ○ 清炒时蔬　　○ 香菇山药鸡
- ○ 虾仁腰花丁　○ 苹果

原料: 芦笋 50 克,蛤蜊 150 克,大米 100 克,海苔、姜、白糖、醋、香油、盐各适量。

做法: ①芦笋洗净,切段,焯熟;海苔、姜切丝;蛤蜊吐净泥沙余熟。②大米洗净,与海苔丝、姜丝、少许白糖、醋、盐拌匀,放入蒸屉加适量水蒸熟。③把芦笋段、蛤蜊铺在米饭上,加香油拌匀。

■**补妈妈壮宝宝:** 此道菜是补充叶酸的佳品。

蛤蜊一定要煮熟透再食用,以免引起疾病。

 第 7 天 百合莲子桂花饮

搭配
- ○ 三鲜包子　　○ 香干芹菜
- ○ 豌豆炒三丁　○ 橘子

莲子还具有补脾止泻的作用。

原料: 百合 10 克,莲子 15 克,桂花蜜、冰糖各适量。

做法: ①百合掰开,洗净;莲子浸泡 10 分钟后取出莲子心。②锅中加适量水,将莲子煮 5 分钟,加入百合,再加少许冰糖,煮至冰糖溶化。③根据自己的喜好,添加适量的桂花蜜。

■**补妈妈壮宝宝:** 此饮品定心养神、辅助睡眠、清肝利尿。

🍴 第8天 丝瓜金针菇

搭配
○ 红枣红薯饼　　○ 蔬菜沙拉
○ 藕片牛肉　　　○ 黑豆芝麻粥

金针菇富含蛋白质、多种维生素及矿物质，孕妈妈可经常适量吃。

原料： 丝瓜、金针菇各 100 克，水淀粉、盐各适量。

做法： ①丝瓜洗净，去皮切块，加盐腌制。②金针菇洗净，焯一下，捞出沥干。③油锅烧热，放丝瓜段、金针菇同炒，加盐调味，出锅前加水淀粉勾芡即可。

■ **补妈妈壮宝宝：** 丝瓜富含维生素 C，能够提升孕妈妈机体免疫力，含有的膳食纤维则有润肠通便的作用。

🍴 第9天 牛肉饼

搭配
○ 虾仁豆腐　　　○ 小米粥
○ 蒜蓉油麦菜　　○ 梨

原料： 牛肉 250 克，鸡蛋 1 个，葱、姜、料酒、老抽、香油、淀粉、盐各适量。

做法： ①牛肉洗净，剁馅；葱、姜切末；牛肉馅中放入葱末、姜末、料酒、老抽、香油、盐，拌匀。②鸡蛋打散，倒入牛肉馅中，放少量淀粉，搅匀。③牛肉馅摊成饼状，煎熟。

■ **补妈妈壮宝宝：** 香而不腻，很适合孕妈妈食用。

添食材增营养：可在原材料中加入些白菜，制成牛肉白菜馅饼，营养更丰富。

🍴 第 10 天 奶酪蛋汤

搭配
○ 米饭　　　　　○ 甜椒炒牛肉
○ 小葱拌豆腐　　○ 核桃

不爱吃西芹的孕妈妈,可将西芹换成青菜。

原料: 奶酪 20 克,鸡蛋 1 个,西芹 100 克,胡萝卜 50 克,高汤、面粉、盐各适量。

做法: ①西芹、胡萝卜均洗净,切小丁。②奶酪与鸡蛋一同打散,放适量面粉。③锅内倒入高汤烧开,加盐,淋入奶酪蛋液。④锅烧开后,撒西芹丁、胡萝卜丁,稍煮片刻。

■ **补妈妈壮宝宝:** 为孕妈妈补充钙质和各种维生素。

🍴 第 11~12 天 鱼香肝片

搭配
○ 咸蛋黄炒饭　　○ 拌豆腐干丝
○ 牛奶洋葱汤　　○ 开心果

换食材不减营养:可将肝换成茄子、里脊肉,营养同样丰富。

原料: 猪肝 250 克,葱花、蒜末、姜末、料酒、淀粉、酱油、醋、白糖、盐各适量。

做法: ①猪肝洗净,切成片,加料酒、淀粉抓匀,放置 20 分钟左右。②碗中加酱油、少许白糖、醋、盐调成汁。③锅中放油,烧至七成热,放入腌好的猪肝片,快速炒散,再放入蒜末、姜末,略翻炒。④倒入调好的汁、葱花,翻炒均匀,即可。

■ **补妈妈壮宝宝:** 猪肝含铁丰富,且适合人体吸收,适量食用可有效预防孕妈妈得缺铁性贫血。

🍴 第13天 奶酪蛋卷

搭配
- ○ 米饭
- ○ 豌豆炒三丁
- ○ 鲜蔬小炒肉
- ○ 六合菜

西红柿可在开水中烫一下，更易去皮。

原料： 牛奶 100 毫升，西红柿 80 克，熟玉米粒 45 克，鸡蛋 2 个，奶酪、番茄酱、盐各适量。

做法： ①奶酪切细丝，再切丁；西红柿洗净，去皮，果肉切碎。②大碗中倒入上述食材，加入番茄酱，拌匀，制成馅料；鸡蛋打散，加盐、牛奶，拌匀。③煎锅中倒入蛋液，煎成蛋饼，铺平放馅料卷成卷，煎熟，切小块，即可。

■ **补妈妈壮宝宝：** 牛奶、奶酪、蛋类均富含蛋白质、钙，适合孕妈妈食用。

🍴 第14天 鲜虾荸荠汤

搭配
- ○ 花卷
- ○ 清炒蚕豆
- ○ 丝瓜金针菇
- ○ 蒜蓉菠菜

虾肉中富含优质蛋白，且脂肪含量较低。

原料： 荸荠 100 克，虾肉泥 150 克，猪肉馅 250 克，鸡蛋 1 个，盐、香油、香菜段、高汤各适量。

做法： ①荸荠去皮切碎；虾肉泥、猪肉馅、荸荠碎混合，加蛋清、盐同方向搅拌。②锅中加高汤烧沸，将肉泥挤成丸子下锅，丸子熟后，加盐。③出锅时撒些香菜段，滴几滴香油。

■ **补妈妈壮宝宝：** 富含多种维生素，促进代谢，营养美味，补充体力。

🍴 第 15 天 洋葱炒鱿鱼

搭配 ○ 菠菜鸡蛋面　　○ 清炒时蔬
○ 家常豆腐　　○ 松仁

原料: 鲜鱿鱼 200 克,洋葱 100 克,青椒、红甜椒、黄甜椒、盐各适量。

做法: ①鲜鱿鱼洗净,切粗条。②洋葱、青椒、红甜椒、黄甜椒洗净,切块,待用。③锅中加油,烧热,放入洋葱块、青椒块、红甜椒块、黄甜椒块,翻炒均匀,再放入鲜鱿鱼条,炒至食材全熟,加盐调味,即可。

 补妈妈壮宝宝: 鱿鱼具有高蛋白质、低脂肪、低热量的特点,在提升孕妈妈免疫力的同时,还能预防长胖。

添食材增营养:可加一些虾仁,鲜香可口,营养更丰富。

🍴 第 16 天 嘎鱼炖茄子

搭配 ○ 花卷　　○ 拌豆腐干丝
○ 鸡蛋汤　　○ 开心果

换食材不减营养:可将嘎鱼换成鲶鱼,两者搭配,使鲶鱼肥而不腻,茄子鲜香味浓。

原料: 嘎鱼 2 条,长茄子 100 克,葱段、姜丝、黄酱、白糖、盐各适量。

做法: ①长茄子洗净,切成条;嘎鱼收拾干净,备用。②油锅烧热,下嘎鱼略煎,下葱段、姜丝炒香,放入黄酱。③锅中再加入适量水、少许白糖略煮,放入茄条,炖煮至食材熟透后,加盐调味,即可。

补妈妈壮宝宝: 嘎鱼肉质鲜嫩,易于消化,且富含 DHA、EPA 等补脑健脑营养素。

🍴 第 17 天 鸡蛋家常饼

搭配
- ○ 银耳鹌鹑蛋
- ○ 盐水鸡肝
- ○ 干煸菜花
- ○ 橙子

原料： 鸡蛋 2 个，面粉 50 克，高汤、葱花、胡椒粉、盐各适量。

做法： ①鸡蛋打散，倒入面粉，加适量高汤、葱花、胡椒粉、盐调匀。②平底锅中倒油烧热，慢慢倒入面糊，摊成饼，小火慢煎，待一面煎熟，翻过来再煎另一面至熟。

■ **补妈妈壮宝宝：** 鸡蛋中富含的卵磷脂，可促进胎宝宝神经系统的完善。

孕妈妈适当吃一些富含碳水化合物的食物，如面粉、米饭是很有必要的。

🍴 第 18 天 香椿芽拌豆腐

搭配
- ○ 柠檬饭
- ○ 清蒸茄丝
- ○ 葱菇浓汤
- ○ 金钩芹菜

原料： 香椿芽 200 克，嫩豆腐 100 克，香油、盐各适量。

做法： ①香椿芽洗净，用开水烫一下，切成细末。②嫩豆腐切丁，用开水焯熟，凉凉。③放入香椿芽末、香油、盐，搅拌均匀即可。

■ **补妈妈壮宝宝：** 香椿芽拌豆腐可以帮助孕妈妈补充维生素 C、胡萝卜素和植物蛋白。

换食材不减营养：小葱、香菜、香芹与豆腐的搭配也很棒。

🍴 第19天 老虎菜

搭配
○ 米饭　　　　○ 凉拌素什锦
○ 鱼头木耳汤　○ 丝瓜虾仁

香菜特殊的香气也有助于提升孕妈妈食欲。

原料： 黄瓜 100 克，青椒、尖椒各 50 克，香菜、大葱各 25 克，酱油、香油、醋、盐各适量。

做法： ①青椒、尖椒洗净，去子，切成丝；黄瓜、大葱洗净，切成丝；香菜洗净，切碎，备用。②将香油、酱油、醋、盐放入碗中，再放入青椒丝、尖椒丝、黄瓜丝略腌，最后放入葱丝、香菜末，拌匀，即可。

■ **补妈妈壮宝宝：** 此菜清爽脆嫩，可提升孕妈妈食欲。

🍴 第20天 蒸肉丸子

搭配
○ 什锦饭　　　○ 拌豆腐干丝
○ 牛奶洋葱汤　○ 开心果

添食材增营养：可以加些绿色蔬菜，可为孕妈妈提供多种维生素。

原料： 土豆、牛肉末各 90 克，鸡蛋 1 个，白糖、淀粉、盐各适量。

做法： ①鸡蛋打入碗中，搅成蛋液。②土豆洗净，去皮，蒸软烂，取出压泥。③将牛肉末、土豆泥、少许白糖、蛋液、盐放入碗中拌匀，撒上淀粉搅成泥后捏成丸子，大火蒸熟，即可。

■ **补妈妈壮宝宝：** 此丸子富含蛋白质、碳水化合物，能够为孕妈妈提供能量，提升免疫力。

第21天 菠菜猪血汤

搭配
○ 烙饼　　　　　　○ 蘸酱菜
○ 蒸拌茄条　　　　○ 芝麻圆白菜

菠菜富含维生素K、类胡萝卜素等营养素。

原料： 猪血150克，新鲜菠菜3棵，盐、香油各适量。

做法： ①猪血切块；新鲜菠菜洗净切成段，用开水焯一下。②锅中加水，放入猪血块和菠菜段，煮开，加入盐和香油调味即可。

■ **补妈妈壮宝宝：** 猪血富含铁，能够有效预防孕妈妈发生缺铁性贫血。

 第22天 彩椒鸡丝

搭配
○ 玉米面发糕　　　○ 平菇炒鸡蛋
○ 胡萝卜炖牛肉　　○ 葡萄

需注意青椒条和红椒条翻炒的时间不要太长，否则会影响色泽。

原料： 鸡腿2只，青椒条、红椒条、葱段、姜末、蒜末、白糖、蚝油、盐各适量。

做法： ①鸡腿煮熟，捞出，撕条。②姜末和蒜末爆香，放青椒条、红椒条翻炒。③放入鸡肉条，翻炒片刻后，依次加盐、少许白糖、蚝油、葱段，大火翻炒均匀即可出锅。

■ **补妈妈壮宝宝：** 色香味俱全，可增强孕妈妈食欲。

第23天 茄汁虾

搭配
- 全麦面包
- 煮花生
- 菠菜柳橙汁
- 凉拌素什锦

换食材不减营养：可将虾换成带鱼，同样美味。

原料： 鲜虾200克，番茄酱、姜片、水淀粉、白糖、面粉、盐各适量。

做法： ①鲜虾洗净，剪去虾须与尖角，挑去虾线，放入面粉与盐抓匀。②油锅烧热，放入姜片煸炒后，放入裹上面粉的虾，小火炸至金黄，捞出，控油。③另起油锅，烧热，放入番茄酱、少许白糖、水淀粉、盐和适量水烧成浓汁，放入炸好的虾，翻炒均匀，即可。

■ **补妈妈壮宝宝：** 虾肉中富含蛋白质、钙、镁，且肉质鲜嫩易消化。

第24天 彩椒拌腐竹

搭配
- 莴苣粥
- 花卷
- 红烧带鱼
- 香菇酿豆腐

彩椒颜色鲜艳，可在一定程度上提升孕妈妈食欲。

原料： 水发腐竹200克，彩椒70克，蒜末、葱花、生抽、香油、盐各适量。

做法： ①彩椒洗净，切块；水发腐竹洗净，切段。②锅中放水烧开，加油、盐，倒入腐竹段、彩椒块，拌匀，煮至全部食材熟透，捞出放入大碗中。③大碗中加入葱花、蒜末、适量盐，再淋入生抽、香油，拌匀，即可。

■ **补妈妈壮宝宝：** 腐竹富含蛋白质；彩椒富含多种维生素。

🍴 第 25 天 炒豆皮

搭配
○ 咸香蛋黄饼　　○ 鸡脯扒小白菜
○ 银耳花生仁汤　○ 苹果

原料： 豆腐皮 120 克，胡萝卜、香菇各 50
克，姜片、盐各适量。

做法： ①豆腐皮洗净，切片；胡萝卜洗净
去皮，切丝；香菇洗净，切块。②油锅
烧热，爆香姜片，再放入豆腐皮、胡萝卜
丝、香菇块，翻炒至食材熟透，放盐调味，
即可。

■ **补妈妈壮宝宝：** 豆腐皮富含蛋白质；
胡萝卜富含胡萝卜素，香菇富含不饱
和脂肪酸。

添食材增营养：可以加些瘦
肉，营养更丰富。

🍴 第 26 天 鸭血豆腐汤

搭配
○ 荞麦凉面　　　○ 虾仁滑蛋
○ 醋熘白菜　　　○ 葡萄

豆腐还含有丰富的优质蛋
白，素有"植物肉"之美称。

原料： 鸭血 50 克，豆腐 100 克，香菜、高
汤、水淀粉、醋、盐各适量。

做法： ①鸭血、豆腐切块，放入煮开的高
汤中炖熟。②加醋、盐调味，搅拌均匀。
③香菜洗净，切末。④用水淀粉勾薄芡，
撒上香菜末即可。

■ **补妈妈壮宝宝：** 补血补虚，增强身体的
造血能力。

🍴 第 27 天 糙米绿豆粥

搭配 ○ 红烧排骨　○ 素炒木樨
○ 凉拌空心菜　○ 香蕉

换食材不减营养：可将绿豆换成红豆、黑豆，营养同样丰富。

原料： 糙米 80 克，绿豆 30 克，莲子 15 克，白糖适量。

做法： ①绿豆用清水浸泡 10~12 小时。②糙米、莲子浸泡 3 小时。③锅内加清水，水开后将糙米、绿豆、莲子倒入锅中，大火烧开，转小火熬煮至粥熟。④制作完成后，加少许白糖调味。

■ **补妈妈壮宝宝：** 糙米的血糖指数比大米低得多，常吃可降血糖。

🍴 第 28 天 香菇蛋花粥

搭配 ○ 咸蛋苦瓜　○ 拌豆腐干丝
○ 牛奶洋葱汤　○ 开心果

虾皮含有虾青素，是一种比较不错的抗氧化剂。

原料： 大米 150 克，鸡蛋 1 个，香菇片、虾皮、盐各适量。

做法： ①鸡蛋打成蛋液。②油锅烧热，放入香菇片、虾皮，大火快炒至熟，盛出。③大米入锅加清水，煮至半熟，倒入炒熟的香菇片、虾皮，煮熟后淋入蛋液，最后用盐调味。

■ **补妈妈壮宝宝：** 富含碳水化合物、钙、碘等营养成分。

孕2月

叶酸继续，补足蛋白质

在整个怀孕过程中，叶酸都必不可少，所以孕妈妈要继续补充叶酸，保证胎宝宝的营养需求。孕妈妈还要补足蛋白质，胎宝宝需要蛋白质来构成自己的组织，孕妈妈也需要一定的蛋白质来供给子宫、胎盘及乳房的发育。因此，孕妈妈要注意补足蛋白质，为自己，更为胎宝宝。

孕2月 宜不宜速查

进入孕2月,大部分孕妈妈都知道自己怀孕了,相伴而来的头晕、乏力、嗜睡、恶心、呕吐、喜食酸味食物、厌油腻等早孕反应表现明显。越是这个时候,孕妈妈越要注意饮食健康,尽量不要挑食,保持营养均衡。

宜

- 孕妈妈可以随身携带开心果、松仁这类坚果,饿了就吃,不仅能补充营养,还能缓解孕早期的孕吐现象。

- 针对孕吐,孕妈妈可以尝试食用一些凉拌菜,如拌黄瓜、拌土豆丝等,这样的开胃菜能减少突然进食对胃黏膜的刺激。

- 由于早晨空腹,血糖较低,容易产生恶心、呕吐的感觉,孕妈妈可以先在床上吃点饼干再起床。

- 孕妈妈随时都会孕吐,所以要在随身的包中多放些手绢、纸巾和塑料袋,以备不时之需,避免尴尬。

不宜

- 不少孕妈妈在孕早期喜欢吃酸,但不能多吃,过量刺激会增加消化液分泌,反而不利于消化道正常功能。

- 过敏体质的孕妈妈在孕期要避免食用虾、蟹、贝壳类食物及辛辣刺激性食物。

- 孕吐不期而至,这是正常的生理反应,孕妈妈不可自行用止吐药止呕。

- 尿频是孕妈妈常有的一种症状。平时要适量补充水分,若有尿意,尽量不要憋尿,以免造成尿路感染,加重尿频。

- 孕妈妈体内激素水平变化较大,使用香水容易过敏,所以妊娠期应远离香水。

- 孕早期性生活易引起流产,早孕反应也使孕妈妈性欲和性反应减弱,此时准爸爸要充分理解。

关注体重变化

到本月末,胎宝宝身长2厘米左右,体重约4克。胎宝宝很小,孕妈妈的体重还是不会有明显的变化,一般孕早期孕妈妈体重平均增长1~2千克。有些孕妈妈孕吐严重,还会出现体重不增反降的情况,这些都是相对正常的,只需及时监测,不要有太大波动即可。

孕2月 饮食营养全知道

这个月可以根据孕妈妈的体质状况来安排饮食，如果孕前的营养状态很好，体质也佳，一般说来，就无须再特意加强营养。

少食多餐，能吃就吃

恶心、呕吐让孕妈妈觉得吃什么都不香，甚至吃了就想吐，这种情况下，孕妈妈不用刻意让自己多吃些什么，只要根据自己的口味选择喜欢吃的食物就可以了。少食多餐，能吃就吃，是这个时期孕妈妈饮食的主要原则。

活跃肠胃，吃好早餐

早餐的重要性不必多说，孕妈妈都会注意到，因为这关系到孕妈妈和胎宝宝的健康。但是没有食欲可是大问题，更别说吃得好了。为了刺激食欲，孕妈妈可以每天早晨喝一杯温开水，血液稀释后，会增加血液的流动性，使肠胃功能活跃起来，同时活跃其他器官功能。另外，在早餐品种上，牛奶、鸡蛋、麦麸饼干、全麦面包都是不错的选择。不过，有些面包中含有食用酒精，孕妈妈买之前要注意看配料表，或闻一下确认没有酒精味儿再买。

晚餐不宜吃太饱

在晚上，孕妈妈吃得过饱会增加肠胃负担，睡眠时肠胃活动减弱，不利于食物的消化、吸收，所以孕妈妈晚餐少吃一点为好。担心夜间饿可以选择牛奶、坚果、水果作为晚加餐，营养又不油腻，还让孕妈妈肠胃无负担。另外，有的孕妈妈为了补钙，就猛喝骨头汤，其实骨头汤的补钙效果并不是特别理想，而且喝太多会很油腻，反而会引起孕妈妈的不适。

晚餐尽量少吃一些，宜清淡，不宜吃得过饱。

全吃素食不可取

绝大多数孕妈妈这个月的妊娠反应会比较大，不喜欢荤腥油腻，喜欢吃素食，这种情况可以理解，但是孕期长期吃素就会营养不均衡。母体营养摄入不足，势必造成胎宝宝营养不良。素食中含维生素较多，但是普遍缺乏完全蛋白质、血红素铁等营养素，而这些营养素在孕期，尤其在孕早期是预防孕妈妈贫血，促进胎宝宝生长的重要营养素。

孕妈妈爱吃鱼，胎宝宝更聪明

孕妈妈多吃鱼，有益于胎宝宝机体和大脑的健康成长。淡水鱼中的鲈鱼、鲫鱼、鳟鱼、草鱼、鲢鱼、黑鱼，海鱼中的三文鱼、比目鱼、黄鱼、鳕鱼、鳗鱼等，都是不错的选择。孕妈妈尽量吃不同种类的鱼，不要只吃一种鱼。保留营养的烹饪方式就是清蒸，用新鲜的鱼炖汤也是保留营养的好方法，并且易于消化。

吃柿子要适量

如果孕期正好赶上柿子收获的季节，孕妈妈不要贪嘴吃过多的柿子。空腹大量食用没熟透的柿子，其所含鞣酸会与胃中的钙等矿物质结合形成结石。另外，柿子收敛作用很强，孕妈妈食用过多会引起便秘。

适量吃大豆类食品

由于这个月孕妈妈的孕吐比较严重，但是这个时候还是应该克服心理上的排斥，适当吃豆类食品，可以吃豆腐及豆制品。豆类食品中富含人体所需的优质蛋白，进而为人体提供多种必需氨基酸，其中谷氨酸、天冬氨酸、赖氨酸等含量是粳米中含量的 6~12 倍。另外，黄豆富含磷脂，是优质的健脑食品，孕妈妈可以多吃些。

豆类及豆制品营养丰富，孕妈妈可常吃。

周一

一日餐单

● 早餐：馒头 + 小米粥 + 蚕豆炒蛋
● 午餐：米饭 + 四色什锦菜 + 菠菜鱼片汤
● 晚餐：粳米红枣粥 + 银耳拌豆芽 + 牛肉丸子
● 加餐：牛奶 + 苹果

四色什锦菜
补充维生素

周二

一日餐单

● 早餐：牛奶 + 三明治
● 午餐：豆腐馅饼 + 醋熘白菜 + 鲫鱼冬瓜汤
● 晚餐：米饭 + 肉末蒸茄丝 + 花生姜汤
● 加餐：麦麸饼干 + 菠萝

燕麦南瓜粥
调养肠胃

周日

一日餐单

● 早餐：牛奶 + 鸡蛋
● 午餐：米饭 + 蒜蓉菠菜 + 羊肉冬瓜汤
● 晚餐：燕麦南瓜粥 + 鸡蛋什锦沙拉 + 虾仁豆腐
● 加餐：苹果 + 松仁

周六

一日餐单

● 早餐：苹果燕麦饮 + 面包
● 午餐：二米饭 + 盐水鸡 + 炒空心菜
● 晚餐：糯米饭 + 鲜蔬小炒肉 + 豌豆炒三丁
● 加餐：橘子 + 酸奶

豆腐馅饼
富含钙质

周三
一日餐单
- 早餐：燕麦糙米糊 + 南瓜饼
  + 鸡蛋
- 午餐：咸蛋黄炒饭 + 苦菊拌
  豆腐 + 牛奶洋葱汤
- 晚餐：面条 + 砂锅焖牛肉
  + 葱油萝卜丝
- 加餐：橙子 + 开心果

周四
一日餐单
- 早餐：酸奶 + 鸡蛋 + 菜包
  + 圣女果
- 午餐：葱花饼 + 虾仁豆腐
  + 鸡脯扒小白菜
- 晚餐：米饭 + 香菇山药鸡
  + 彩椒腰花丁
- 加餐：苹果 + 榛子

奶香玉米糊
富含蛋白质、
膳食纤维

周五
一日餐单
- 早餐：奶香玉米糊 + 花卷 + 西红柿蒸蛋
- 午餐：豆腐馅饼 + 什锦西蓝花
- 晚餐：馒头 + 芦笋炒虾球 + 香菇油菜
- 加餐：樱桃 + 全麦面包

孕2月
一周营养食谱推荐

胎宝宝寄语：我现在身长2厘米左右，体重约有4克。

妈妈，我现在还只是个小"胚芽"，要想让我快快成长，离不开妈妈吃的食物哟！从这个月开始，妈妈的子宫内就开始产生羊水了，这可是我最喜欢的地方，那是我成长的乐园。

孕2月 营养食谱

▶ 酸味食物防孕吐

🍴 第29天 橙香鱼排

 搭配
- ○ 花卷
- ○ 西红柿南米
- ○ 彩椒炒牛肉
- ○ 四色什锦菜

原料: 鲷鱼100克,橙子100克,红椒丁、冬笋丁各50克,盐、水淀粉各适量。

做法: ①鲷鱼切大块;橙子取出果肉切小块。②鲷鱼块放入油锅炸至金黄色。③锅中放水烧开,放入橙肉粒、红椒、冬笋,加盐调味,用水淀粉勾芡,收汁即可。

■ **补妈妈壮宝宝:** 提高胎宝宝免疫力,为出生后抵御外界感染做准备。

橙子酸甜可口,能够提升孕妈妈食欲。

早餐不宜吃油条

早餐喜欢吃油条的孕妈妈一定要改掉这个习惯,最好整个孕期及哺乳期都要少吃或不吃油条。

油条本身含有大量油脂,食用过多会对肠胃造成负担。

本月必吃助孕食材:虾

■ 虾中的蛋白质含量很高,还含有丰富的钾、碘、镁、磷等矿物质和维生素A等营养成分。孕妈妈常吃虾有助长体力的作用,还可以促进胎宝宝骨骼的发育,同时利于胎宝宝脑细胞结构生长,从而提高智力。

■ 患有皮肤湿疹、癣症、皮炎、疮毒等皮肤瘙痒症的孕妈妈,以及对海鲜过敏的孕妈妈慎食。

■ 考虑到安全性因素,建议选购国产淡水养殖的活虾。

当孕妈妈得知胎宝宝到来的好消息时，孕吐也会随之降临。孕吐是大部分孕妈妈都有的孕期反应，通常情况下是正常的生理反应，不用过分担心。这时，孕妈妈的饮食应以"喜纳适口"为原则，选择既有酸味又营养丰富的天然食物来缓解孕吐。

第30天 素菜包

搭配
○ 土豆烧牛肉　　○ 什锦烧豆腐
○ 桂花糯米藕　　○ 鲜柠檬荸荠水

原料：面粉 200 克，小白菜、鲜香菇各 60 克，酱油、香油、酵母各适量。

做法：①面粉中加酵母、水，和成面团，醒发后，擀成圆面皮。②小白菜洗净，焯熟，切碎，挤去水分。③鲜香菇洗净，去蒂切碎，加入小白菜碎、香油、酱油，拌匀包入面皮中，蒸熟。

■ **补妈妈壮宝宝**：小白菜、香菇可为孕妈妈补充维生素 C 和 B 族维生素。

换食材不减营养：可将馅换成猪肉大葱或其他馅。

第31天 拌豆腐干丝

搭配
○ 黑豆红枣粥　　○ 清蒸大虾
○ 干煸菜花　　　○ 猕猴桃

原料：豆腐干 200 克，葱、酱油、香油、盐、香菜末各适量。

做法：①葱切末；豆腐干切丝。②将豆腐干丝放在热水中焯一下，捞出。③放入葱末、酱油、香油、盐、香菜末，搅拌均匀即可。

■ **补妈妈壮宝宝**：营养丰富，可作为孕妈妈的开胃菜。

加些香菜叶，可缓解孕妈妈食欲下降、胃胀、胃酸等症状。

🍽 第32天 木耳炒白菜

搭配　○ 豆沙包　　　○ 苹果粥
　　　　○ 蔬菜沙拉　○ 西红柿炖牛腩

原料: 白菜 200 克, 泡发木耳 50 克, 醋、酱油、盐各适量。

做法: ①木耳洗净, 掰小朵; 白菜洗净, 切片。②油锅烧热, 放入切好的白菜, 加少量盐, 翻炒至白菜软烂, 放入木耳, 翻炒, 加醋、酱油与盐, 翻炒均匀, 即可。

■**补妈妈壮宝宝:** 木耳含有蛋白质、脂肪、维生素与矿物质; 白菜则富含膳食纤维。

木耳口感细嫩、质地柔软, 且具有补血活血的功效。

🍽 第33天 砂锅焖牛肉

搭配　○ 米饭　　　　○ 清炒时蔬
　　　　○ 鱼头豆腐汤　○ 橙子

原料: 牛肉 300 克, 芹菜段、胡萝卜片各 100 克, 宽粉 50 克, 番茄酱、花椒、葱末、姜片、料酒、老抽、盐各适量。

做法: ①牛肉洗净切块, 余水。②油锅烧热, 放牛肉块、花椒, 葱末、姜片翻炒, 加料酒、老抽、水, 大火烧开。③用砂锅小火炖 2 小时, 放芹菜段、胡萝卜片、宽粉、盐, 加番茄酱煮至食材全熟。

■**补妈妈壮宝宝:** 酸甜咸香, 能满足孕妈妈挑剔的口味。

添食材增营养: 可适量加些土豆, 土豆富含叶酸, 起着保护胃黏膜的作用。

🍴 第34天 虾仁豆腐

搭配
○ 什锦燕麦粥　　○ 茴香拱蛋
○ 西葫芦饼　　　○ 枇杷汁

怕麻烦的孕妈妈可以将虾仁煮熟，蘸一些自己喜欢的调料食用，十分简便。

原料: 虾仁 100 克,豆腐丁 300 克,鸡蛋 1 个,水淀粉、香油、葱末、姜末、盐各适量。

做法: ①豆腐丁焯水沥干;取蛋清备用;虾仁放盐、水淀粉、蛋清上浆。②葱末、姜末和水淀粉、香油一同调芡汁。③虾仁炒熟,放豆腐丁同炒;出锅前倒芡汁,翻匀即可。

■ **补妈妈壮宝宝:** 补充蛋白质和钙,有利于胎宝宝骨骼发育。

🍴 第35天 蛋黄莲子汤

搭配
○ 水煮蛋　　　○ 家庭三明治
○ 鸡肉扒油菜　○ 韭菜炒鸡蛋

鸡蛋黄具有补脑健脑的作用。

原料: 莲子 30 克,鸡蛋 1 个,冰糖适量。

做法: ①莲子去心,洗净后加适量水,大火烧开后转小火煮约 20 分钟。②鸡蛋磕入碗中,取蛋黄,入莲子汤中煮开,加少许冰糖调味,略煮 5 分钟即可。

■ **补妈妈壮宝宝:** 此汤滋阴润肺、养胃生津、益气补脑,适合孕早期食用。

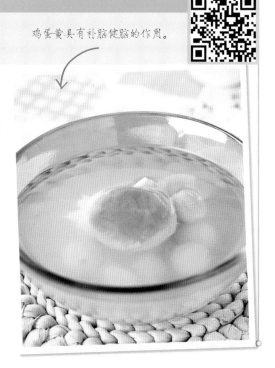

🍴 第36天 菠萝藕片

搭配
○ 米饭　　　　○ 红枣炖鲤鱼
○ 芝麻茼蒿　　○ 蒜蓉茄子

藕片富含膳食纤维，能够促进孕妈妈肠道蠕动。

原料: 鲜莲藕 1 节，枸杞子 20 克，菠萝、冰糖各适量。

做法: ①鲜莲藕洗净，去皮，切片；枸杞子洗净；菠萝洗净，去皮，切片。②把鲜莲藕片、枸杞子、菠萝片、少许冰糖放入锅中，加适量水，煮熟即可。

■ **补妈妈壮宝宝:** 清凉可口，适合孕妈妈夏天食用。

🍴 第37天 菠菜鱼片汤

搭配
○ 家常饼　　　　○ 香菇炒菜花
○ 素炒油菜　　　○ 麻酱素什锦

原料: 鱼片 300 克，菠菜段 100 克，葱段、姜片、料酒、盐各适量。

做法: ①菠菜段焯水；鱼片切薄片，加盐、料酒腌 30 分钟。②油烧至五成热，放葱段、姜片炒香；放鱼片略煎，加水煮沸。③小火焖 20 分钟，放入菠菜段稍煮。

■ **补妈妈壮宝宝:** 此汤营养丰富，口感细腻，孕妈妈可以常吃。

添食材增营养:可加些豆腐，汤汁浓郁，营养丰富。

🍴 第 38 天 鸡肉蛋卷

搭配
- ○ 米饭
- ○ 清炒猪血
- ○ 香菇油菜
- ○ 火龙果

添食材增营养：也可加些新鲜蔬菜，为孕妈妈补充多种维生素，如胡萝卜、菠菜等。

原料：鸡蛋 2 个，鸡肉 100 克，面粉、盐各适量。

做法：①将鸡肉洗净，剁成泥，加适量盐拌匀。②将鸡蛋打成蛋液，倒入面粉碗里，加水搅成面糊。③平底锅加油烧热，然后倒入面糊，用小火摊成薄饼。④将薄饼放在案板里，加入鸡肉泥，卷成长条并切段，上锅蒸熟，即可。

■ **补妈妈壮宝宝**：鸡蛋与鸡肉同食，能够为孕妈妈补充优质蛋白质及钙。

🍴 第 39 天 红豆饭

配
- ○ 红烧排骨
- ○ 四色什锦菜
- ○ 鲫鱼汤
- ○ 坚果

换食材不减营养：可将红豆换成黑豆。

原料：大米 100 克，红豆 50 克，熟黑、白芝麻各适量。

做法：①红豆洗净，浸泡 3 小时左右，待用。②洗净大米，与泡好的红豆放入电饭锅，加水煮成饭。③将煮熟的饭盛出，撒上熟黑、白芝麻，即可。

■ **补妈妈壮宝宝**：此饭富含钙、维生素 B_2、碳水化合物等营养素。

🍴 第40天 冬瓜淮山腰片汤

搭配
- ○ 海带焖饭
- ○ 韭菜炒虾肉
- ○ 鸡蛋什锦沙拉
- ○ 橙子

冬瓜具有清热利水的作用。

原料： 冬瓜 200 克，猪腰、山药各 100 克，黄芪 8 克，胡萝卜 70 克，鸡汤、盐各适量。

做法： ①冬瓜、山药、胡萝卜洗净切片；猪腰处理干净后切片，放入开水中氽烫。②鸡汤倒入锅中，放黄芪、冬瓜、胡萝卜片、山药用中火煮 20 分钟，再放入猪腰煮熟，最后加盐调味。

■ **补妈妈壮宝宝：** 汁白汤鲜，腰片脆嫩，营养丰富。

🍴 第41天 四色什锦菜

搭配
- ○ 米饭
- ○ 凉拌空心菜
- ○ 鲜香肉蛋羹
- ○ 香菇炒菜花

原料： 胡萝卜丝、金针菇各 100 克，木耳、蒜薹段各 30 克，葱末、姜末、白糖、醋、香油、盐各适量。

做法： ①金针菇洗净，焯水；木耳泡发洗净，撕小朵。②葱末、姜末炒香，放入胡萝卜丝；翻炒后，放木耳，加少许白糖、盐。③放金针菇、蒜薹段，翻炒几下，淋上醋、香油即可。

■ **补妈妈壮宝宝：** 补充多种维生素，提高孕妈妈免疫力。

换食材不减营养：将蒜薹换成西芹，也是不错的选择。

🍴 第42天 香菇疙瘩汤

- ○ 果仁菠菜
- ○ 香葱小牛排
- ○ 香菇炒菜花
- ○ 炒土豆丝

添食材增营养：可加些油菜、肉丁或西红柿。

原料： 香菇 3 朵，面粉 50 克，鸡蛋 1 个，盐适量。

做法： ①香菇洗净切丁；鸡蛋打散；面粉中少量多次加入清水搅成面絮状。②在锅中倒入适量清水，大火烧沸后，倒入面絮，待面疙瘩浮起后，放入香菇丁、蛋液、盐煮熟。

■ **补妈妈壮宝宝：** 口感软滑，营养丰富，可作为加餐。

🍴 第43天 香干拌芹菜

- ○ 花卷
- ○ 蒜蓉茄子
- ○ 百合炒肉
- ○ 苹果

换食材不减营养：可将绿豆芽换成黄豆芽。

原料： 绿豆芽 60 克，芹菜 200 克，香干 50 克，香油、盐、蒜末各适量。

做法： ①绿豆芽洗净；芹菜洗净，切段。②绿豆芽、芹菜焯烫后捞出。③香干切成细丝，放入芹菜、绿豆芽中，加入香油、盐、蒜末拌匀。

■ **补妈妈壮宝宝：** 香干含有丰富的蛋白质和矿物质，孕妈妈常吃营养又开胃。

第 44 天 香蕉银耳汤

搭配
○ 糙米饭　　　○ 彩椒鸡丝
○ 五色沙拉　　○ 葡萄

原料: 银耳 20 克,香蕉 1 根,冰糖适量。

做法: ①银耳泡发洗净,撕小朵;香蕉去皮,切片。②银耳放入锅中加入清水,煮30 分钟。③放入香蕉片,加入少许冰糖用中火煮 10 分钟即可。

■ **补妈妈壮宝宝:** 此汤富含蛋白质、膳食纤维等营养素,且香蕉香甜可口,可在一定程度上提升孕妈妈食欲。

可在汤中加些红枣和枸杞子,补气养血又益于眼睛健康。

 第 45 天 蘸酱菜

搭配
○ 黑豆红枣粥　　○ 什锦烧豆腐
○ 胭脂冬瓜球　　○ 牛奶

原料: 樱桃萝卜、白萝卜段、黄瓜段、大葱段、生菜各 50 克,甜面酱、白糖、香油、盐各适量。

做法: ①樱桃萝卜、生菜洗净。②锅中放香油烧热,加甜面酱、盐、少许白糖翻炒。③加水,翻炒,盛出后凉凉,用蔬菜蘸食。

■ **补妈妈壮宝宝:** 此菜品清爽可口,能勾起孕妈妈的食欲,适合食欲不振的孕妈妈食用。

添食材增营养:可再加些油麦菜,其含有的叶酸可预防胎宝宝神经管发育畸形。

第46天 炒挂面

搭配 ○ 奶酪手卷　　○ 芝麻茼蒿
○ 什锦燕麦粥　　○ 西红柿

原料： 挂面100克，胡萝卜80克，虾3个，青菜适量。

做法： ①虾洗净，取虾仁，剁碎；青菜、胡萝卜洗净，切末。②挂面放入开水中煮熟，捞出备用。③油锅烧热，放入虾仁、胡萝卜、青菜末炒熟，然后放入煮熟的挂面，炒匀，即可。

■ **补妈妈壮宝宝：** 炒挂面富含碳水化合物、蛋白质及维生素C。

胡萝卜中含有的胡萝卜素对孕妈妈眼睛有益。

第47天 西葫芦炒虾皮

搭配 ○ 咸蛋黄炒饭　　○ 清蒸鲫鱼
○ 韭菜炒核桃　　○ 四色什锦菜

原料： 西葫芦200克，虾皮、盐、葱花适量。

做法： ①西葫芦洗净，切片；虾皮洗净，沥干备用。②油锅烧热，放入葱花、虾皮炒出香味，下入西葫芦片翻炒至熟透，加盐调味，即可。

■ **补妈妈壮宝宝：** 虾皮中富含钙；西葫芦中富含维生素C。

也可以凉拌西葫芦吃，清新爽口，有助于提升孕妈妈食欲。

第 48 天 豆腐馅饼

搭配
- ○ 鸭块白菜
- ○ 玉米汤
- ○ 五花肉焖扁豆
- ○ 麻酱素什锦

原料: 豆腐 150 克,面粉 200 克,白菜 50 克,姜末、葱末、盐各适量。

做法: ①白菜切碎,挤出水分;豆腐抓碎,加姜末、葱末、盐调馅。②面粉加水制成面团,分 10 等份,擀成面皮;菜 10 份,包馅饼。③平底锅烧热倒油,将馅饼煎至两面金黄。

■ **补妈妈壮宝宝:** 能为胎宝宝的健康发育提供多种营养,如钙、碳水化合物等。

喜欢吃肉的孕妈妈可在馅料中加些猪肉或牛肉。

第 49~50 天 香煎带鱼

搭配
- ○ 排骨汤面
- ○ 鲜虾卷
- ○ 香菇油菜
- ○ 芝麻茼蒿

原料: 带鱼 500 克,盐、姜片、料酒各适量。

做法: ①带鱼洗净切块抹干,用料酒、盐腌 20 分钟。②油锅烧热,加入姜片和鱼块,煎至两面金黄色即可。

■ **补妈妈壮宝宝:** 带鱼富含不饱和脂肪酸、卵磷脂,对胎宝宝的大脑和神经系统发育非常有益。

应挑选肌肉厚实且富有弹性,眼球饱满,重量在 0.5 公斤以上的带鱼。

第 51 天 鲷鱼豆腐羹

搭配 ❍ 素包子　❍ 茴香拱蛋　❍ 银耳豆苗　❍ 凉拌芹菜叶

原料：鲷鱼 1 条，豆腐 1 块，胡萝卜 1/2 根，葱末、盐、水淀粉各适量。

做法：①鲷鱼切块，汆烫，再用清水洗净；豆腐、胡萝卜洗净，切丁。②锅内加水，烧开，放入鲷鱼块、胡萝卜丁、豆腐丁，小火煮 10 分钟，放入盐、勾芡后盛入碗中，撒上葱末。

■ **补妈妈壮宝宝**：富含蛋白质、钙等，对胎宝宝发育有利。

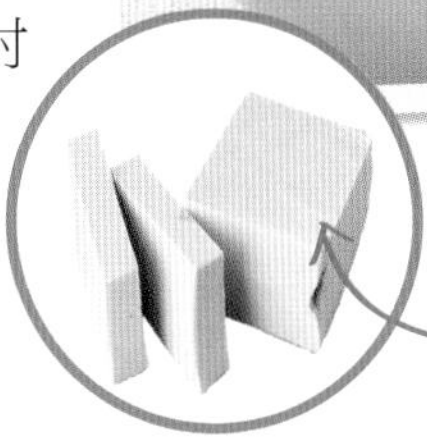
豆腐中富含优质蛋白质，
能够提升孕妈妈免疫力。

第 52 天 五彩玉米

搭配 ❍ 西葫芦饼　❍ 三文鱼豆腐汤　❍ 百合炒肉　❍ 蒜蓉茄子

松仁中含有丰富的营养物
质，如不饱和脂肪酸、维生
素E、磷、钙、钾等。

原料：玉米粒 100 克，黄瓜 100 克，胡萝卜 50 克，松仁 20 克，盐适量。

做法：①胡萝卜、黄瓜洗净，切丁；玉米粒、松仁洗净，备用。②锅中加油烧热，放入备好的胡萝卜丁、松仁、玉米粒、黄瓜丁，翻匀炒熟后，加盐调味，即可。

■ **补妈妈壮宝宝**：玉米中含有丰富的膳食纤维，可促进孕妈妈肠胃蠕动，预防便秘。

🍴 第53天 黄芪炖乌鸡

搭配
- ○ 西红柿炒鸡蛋
- ○ 清蒸茄丝
- ○ 海参豆腐煲
- ○ 苹果

原料： 黄芪 15 克，乌鸡 1 只，盐、姜片、葱段各适量。

做法： ①将乌鸡去内脏洗净后入沸水中汆一下，洗去血沫。②锅中放入乌鸡、黄芪、姜片、葱段，加水小火炖至乌鸡烂熟。③出锅前加盐调味即可。

■ **补妈妈壮宝宝：** 乌鸡具有滋阴补肾的功效。

乌鸡还富含维生素 A、硒等营养素。

🍴 第54天 蛋醋止呕汤

搭配
- ○ 土豆炖排骨
- ○ 小米山药粥
- ○ 油烹茄条
- ○ 玉米

血糖较高的孕妈妈应少放白糖。

原料： 鸡蛋 2 个，白糖、醋各适量。

做法： ①鸡蛋磕入碗内，用筷子搅匀，加入少许白糖、醋，再搅匀。②锅内加适量清水，用大火煮沸，将碗内的鸡蛋倒入，煮沸即可。

■ **补妈妈壮宝宝：** 此汤能缓解孕吐，补充孕吐所造成的营养和水分流失。

🍴 第 55 天 鲫鱼香菇汤

搭配
- ○ 奶香玉米饼
- ○ 蒜蓉油麦菜
- ○ 清炒蚕豆
- ○ 牙签肉

原料: 鲫鱼 1 条,豆腐、干香菇、青菜各 50 克,盐适量。

做法: ①将处理好的鲫鱼划刀,入油锅中煎成金黄色。②豆腐切块;干香菇洗净泡软;青菜洗净。③将上述原料加水熬汤,大火煮开后转小火煮约 20 分钟,加盐调味即可。

■ **补妈妈壮宝宝:** 可补充营养物质,增强孕妈妈的抗病能力。

青菜含有多种维生素,孕妈妈可适当食用。

🍴 第 56 天 茭白炒鸡蛋

搭配
- ○ 米饭
- ○ 盐水鸡肝
- ○ 罗宋汤
- ○ 橙子

原料: 鸡蛋 2 个,茭白丝 100 克,盐、葱花、高汤各适量。

做法: ①鸡蛋磕入碗内,加盐搅匀,入锅炒散。②油锅烧热,爆香葱花,放入茭白丝翻炒几下。③加入盐及高汤,收干汤汁,放入鸡蛋,稍炒后盛入盘内。

■ **补妈妈壮宝宝:** 香味醇厚,非常适合孕妈妈食用。

换食材不减营养:可将茭白换成青椒、香椿芽。

孕3月

补镁和维生素 A

　　研究表明，孕期前 3 个月镁的摄入量关系到新生儿身长、体重和头围大小。这个月孕妈妈要适量补充镁，因为镁不仅对胎宝宝肌肉的健康至关重要，有助于骨骼的正常发育，而且对孕妈妈的子宫肌肉恢复也很有好处。同时，维生素 A 也要持续补充，因为胎宝宝的整个发育过程都需要维生素 A，其有利于胎宝宝皮肤和肺部的健康。

孕3月 宜不宜速查

本月是胎宝宝大脑和骨骼的发育初期，胎宝宝脑细胞发育非常活跃，而孕3月到孕6月是脑细胞迅速增殖的第一阶段，称为"脑迅速增长期"。这个月也是流产高发期，为预防流产，促进胎宝宝正常发育，应注意日常饮食，还需重点补充镁、维生素A、叶酸、铁、碘等营养素。

宜

● 孕妈妈有时会由于唾液积存而感觉恶心加重，这时候喝一点稀释过的柠檬汁能起到缓解作用。

● 现在每天喝水时应注意，早餐前先喝一杯温水，可以促进肠胃的蠕动，利于排便，预防痔疮。

● 即便孕吐反应比较厉害，孕妈妈也要在肠胃较舒适时尽量多吃些水果、蔬菜、豆制品，以保证自己和胎宝宝的营养。

● 适量的、健康的脂肪对孕妈妈和胎宝宝都是必需的，鸡、鱼肉实在吃不下去时，可以吃些核桃、芝麻等保证脂肪的摄入。

不宜

● 孕妈妈不要因为尿频而不去喝水，每天应及时补充水分，每天需喝8大杯水，约1600毫升。

● 孕妈妈要控制奶制品摄入量，不能既喝孕妇奶粉，又喝牛奶、酸奶，或者吃大量奶酪等，这样会增加肾脏负担，影响肾功能。

● 这个阶段是胚胎腭部发育的关键时期，孕妈妈情绪波动过大会影响胚胎，容易导致胎宝宝腭裂或唇裂，所以要调整自己的情绪，千万别因小失大。

● 受激素的影响，皮肤的皮脂腺分泌量会增加，有些孕妈妈脸上会长痘痘，但是不要随意涂抹祛痘药膏。

● 工作中不要逞强，不要把怀孕的事情一藏再藏。孕妈妈可以向领导和同事说明身体情况，以便大家能体谅你的处境。

关注体重变化

到本月末，胎宝宝就会长到6厘米左右，体重7~10克，相当于两个圣女果的重量。这个月，孕妈妈的外形不会有明显改变，也有的孕妈妈到了第3个月体重非但没有增长，反而出现了下降的趋势，这是因为食欲缺乏和孕吐导致的，不必过于担心。

孕3月 饮食营养全知道

很多孕妈妈这个月的妊娠反应会更强烈一些，猛烈的呕吐、胃部不适等会严重影响食欲。孕妈妈为了胎宝宝着想也一定要坚持吃饭，这时候不用忌口，想吃什么就吃什么，但要尽量避免辛辣、油腻的食物，以清淡、营养为宜。平时可以吃一些富含DHA（二十二碳六烯酸）、EPA（二十碳五烯酸）的海鱼，以及核桃、葵花子等，为胎宝宝的大脑发育准备充足的营养。

补镁其实很容易

在怀孕期间，孕妈妈对镁的需要量增多，不仅因为镁对胎宝宝的肌肉和骨骼都有一定的影响，而且孕妈妈缺乏镁，容易产生焦躁、忧虑、暴怒、不安的情绪波动。所以孕妈妈应该摄入适量的镁，不仅仅是为了胎宝宝的健康，还为了自己和家人的和谐相处。

绿叶蔬菜、坚果、豆类食物中都含有一定量的镁，其他如色拉油、南瓜、甜瓜等同样含有镁。一般来说，每周吃两三次花生，每次一小把就足够了，孕妈妈可以放松下来，享受美好的坚果时光。

补充"脑黄金"

DHA和EPA对大脑细胞，特别是神经传导系统的生长、发育起着重要的作用，因此DHA、EPA和脑磷脂、卵磷脂等物质合在一起，被称为"脑黄金"。

孕妈妈可选择饮用孕妇奶粉，来满足自己的孕期营养需求，当然奶粉中也包含了"脑黄金"，选购奶粉时，一定要到正规商场购买。另外，孕妈妈还要多吃些富含DHA的食物，如核桃、松仁、葵花子、榛子、花生等坚果类食品，以及海鱼、鱼油等。这些食物富含胎宝宝大脑细胞发育所必需的脂肪酸，可以帮

很多坚果、蔬菜中都含镁，
孕妈妈可在煮粥时加些，
美味又健康。

素食孕妈妈也要补充蛋白质

素食者分为两类：只是不吃肉的素食者和不吃所有与动物有关的食物的素食者。蛋白质是细胞组成的基础成分，是建造胎宝宝机体不可或缺的"砖瓦"，而肉类食品则是优质蛋白质的重要来源之一。只是不吃肉的素食孕妈妈，可以从鸡蛋和奶制品中摄入足够的蛋白质。如果孕妈妈不吃所有与动物有关的食品，就很难保持膳食平衡，为了胎宝宝的健康，建议素食孕妈妈适量进食蛋类、乳制品及豆制品。

少吃罐头食品

水果罐头、肉类罐头等罐头食品方便、美味，便于保存，但是孕妈妈如果常吃这种食品，对健康十分不利。在罐头的生产过程中，一般会加入一定量的食品添加剂，如甜味剂、防腐剂等，或大量的糖、盐等进行腌制，相较于新鲜食物，营养价值下降，且更易引起高血压、高血糖等病症，不利于孕期健康。

少吃腌制食品

少吃或不吃腌制食品，腌制食品中含有可导致胎宝宝畸形的亚硝胺，所以孕妈妈不宜多吃这类食品，最好是不吃，如香肠、腌肉、熏鱼、熏肉等。可以说这类食品既不营养，也不新鲜，容易滋生细菌，会影响孕妈妈和胎宝宝的健康。

适量吃西瓜

适量吃西瓜可以利尿，但吃太多容易造成脱水，也容易造成妊娠糖尿病，饭后吃一两块就够了。胎动不安和胎漏下血的孕妈妈要忌吃。另外，在冬季的时候，孕妈妈要避免食用反季节水果。

每周可吃 2~4 次猪肝，多吃新鲜蔬菜

食物中维生素 A 的来源分两部分：一部分是直接来源于动物性食物，如动物肝脏、蛋黄、奶油等；另一部分来源于富含胡萝卜素的黄绿色蔬菜和水果，如胡萝卜、油菜、辣椒、西红柿和橘子等。猪肝富含铁和维生素 A，但孕妈妈不能多吃，应该坚持少量多次的原则，每周吃 2~4 次，每次吃 25~50 克。因为大部分营养素一次摄入量越大，吸收率越低，所以不要一次大量食用。

蔬果中的胡萝卜素更安全，且深色蔬菜中所含的锌、碘、铜、铬等微量元素含量也比较高，孕妈妈可以放心多吃。

周一

一日餐单

- 早餐：牛奶 + 生菜沙拉 + 面包
- 午餐：菠菜鸡蛋面 + 孜然鱿鱼 + 家常豆腐
- 晚餐：花卷 + 蒜蓉茼蒿 + 虾皮紫菜汤
- 加餐：酸奶 + 开心果

虾皮紫菜汤
富含钙质、降血脂

周二

一日餐单

- 早餐：什锦燕麦粥 + 香煎吐司 + 煎蛋
- 午餐：南瓜包 + 煎鳕鱼 + 西红柿炖豆腐
- 晚餐：豆沙包 + 牙签肉 + 蒜蓉西蓝花
- 加餐：山药枸杞子奶

胡萝卜炖牛肉
活血健体

周日

一日餐单

- 早餐：酸奶 + 香煎吐司
- 午餐：米饭 + 栗子扒白菜 + 莴苣肉片
- 晚餐：玉米面发糕 + 平菇炒鸡蛋 + 胡萝卜炖牛肉
- 加餐：火龙果

周六

一日餐单

- 早餐：红枣粥 + 鹌鹑蛋 + 面包片
- 午餐：烙饼 + 蘸酱菜 + 肉末茄条
- 晚餐：米饭 + 芝麻圆白菜 + 木耳炒鸡蛋
- 加餐：酸奶 + 全麦面包

山药枸杞子奶
健脾开胃

周三
一日餐单

- 早餐：豆浆 + 奶酪三明治 + 拍黄瓜
- 午餐：西葫芦饼 + 肉烧三元 + 核桃仁莲藕汤
- 晚餐：米饭 + 干煸菜花 + 银耳鹌鹑蛋
- 加餐：苹果

周四
一日餐单

- 早餐：牛奶 + 全麦面包 + 煮花生
- 午餐：馒头 + 金钩芹菜 + 三文鱼豆腐汤
- 晚餐：虾肉粥 + 六合菜 + 奶香玉米饼
- 加餐：橙子

鱼头木耳汤
富含
DHA、EPA

周五
一日餐单

- 早餐：红薯 + 鸡蛋 + 小黄瓜
- 午餐：米饭 + 凉拌素什锦 + 鱼头木耳汤
- 晚餐：南瓜包 + 牛奶核桃粥 + 煎鳕鱼
- 加餐：草莓

孕 3 月
一周营养食谱推荐

胎宝宝寄语：我身体的各个器官均已成形。

妈妈，我现在神经管开始连接大脑和脊髓，心脏开始分成心房和心室，心跳很快，每分钟可达 150 次，是妈妈的 2 倍。从这个月开始，我再也不是小蝌蚪了，我的小尾巴完全消失，五官清晰可辨了。这个月是危险期的最后一个月，妈妈一定要保护好我呀！

孕3月 营养食谱

▶ 保持饮食多样化

🍴 第57天 核桃仁拌芹菜

搭配
- ○ 烤馒头片
- ○ 菜心炒牛肉
- ○ 葱油萝卜丝
- ○ 橙子

原料: 芹菜100克,核桃仁20克,盐、香油各适量。

做法: ①芹菜择洗干净,切段,用开水焯一下,过凉水,沥干水分,放盘中,加入盐、香油。②加入核桃仁拌匀即可。

■**补妈妈壮宝宝:** 含维生素C、铁及膳食纤维,有利于缓解孕期便秘。

换食材不减营养:可将核桃换成花生,花生皮具有补血的作用。

🍴 第58天 小米南瓜粥

搭配
- ○ 家常饼
- ○ 银耳拌豆芽
- ○ 西红柿炖牛腩
- ○ 蚝油草菇

原料: 小米80克,南瓜100克。

做法: ①小米洗净,泡发30分钟。②南瓜洗净,去皮、去子,切成小块,备用。③南瓜块与小米放入锅中,加水,大火煮沸,转小火煮至南瓜、小米软烂,即可。

■**补妈妈壮宝宝:** 小米具有健胃消食的作用;南瓜中含有的胡萝卜素则对眼睛有益。

选择嫩南瓜,可以留皮吃,皮中含有的钴元素能够促进孕妈妈新陈代谢。

此时一日三餐都应"质""量"并重，饮食要多样化，同时注意加餐的营养。两餐之间可以吃些水果、喝杯酸奶，以促进营养的消化吸收。

🍴 第59天 丝瓜虾仁

搭配
- ○ 排骨汤面
- ○ 鸭块白菜
- ○ 咸蛋黄焗南瓜
- ○ 菠萝

原料： 虾仁200克，丝瓜块100克，生抽、水淀粉、葱段、姜片、香油、盐各适量。

做法： ①虾仁用生抽、水淀粉、盐腌5分钟。②油锅烧热，将虾仁过油，盛出；用葱段、姜片炝锅，放入丝瓜块，炒至发软。③放入虾仁翻炒，加香油、盐调味即可。

■ **补妈妈壮宝宝：** 富含优质蛋白质，清香可口，非常适合孕妈妈食用。

丝瓜还可做汤喝，加些虾皮或紫菜，具有补碘、补钙的功效。

本月必吃助孕食材：花生

花生中含有不饱和脂肪酸、维生素E等多种营养素，并含有使凝血时间缩短的物质，有促进骨髓制造血小板的功能，可以预防孕期出血性疾病，并促进胎宝宝血红细胞的生成。

花生可做豆浆，可拌可炒，吃法多样。

清淡的菜品更可口

在妊娠反应强烈的本月，孕妈妈的饮食以清淡、易消化吸收为宜，可适当食用一些粗粮，如小米、玉米、红薯等。孕妈妈胃口不好的时候，可以适当变换烹饪方式，如蒸、煮、凉拌等，平时可吃点酸酸甜甜的水果。

玉米分甜玉米和糯玉米，可益肺宁心、健脾开胃。

🍴 第60天 白菜炒猪肝

搭配
○ 米饭　　　　○ 莴苣拌腐竹
○ 青椒炒肉　　○ 香蕉

猪肝虽有明目功效,但不宜多吃,每周2次即可。

原料: 白菜250克,猪肝100克,葱段、姜丝、酱油、料酒、白糖、盐各适量。

做法: ①白菜洗净,切段;猪肝洗净,去筋膜,切片。②锅中加油烧热,放入葱段、姜丝爆香,放入猪肝片、酱油,翻炒均匀,再放入少许白糖、料酒、盐,炒至猪肝入味。③放入白菜片,翻炒至入味,即可。

■ **补妈妈壮宝宝:** 猪肝中含铁丰富,可有效预防缺铁性贫血;白菜中维生素C与硒则能够增强孕妈妈的免疫力,还能促进铁的吸收。

🍴 第61天 香煎吐司

搭配
○ 蔬菜沙拉　　○ 盐水鸡肝
○ 西红柿炒菜花　○ 苹果

原料: 鸡蛋2个,吐司4片,盐适量。

做法: ①鸡蛋打入碗中,加少量盐,打散。②将吐司切成各种形状。③油锅烧热,将吐司表面裹满蛋液放入油锅中,小火煎至金黄。

■ **补妈妈壮宝宝:** 这是一道简单的健康早餐,香脆可口,营养丰富。

添食材增营养:还可以在吐司表面涂适量果酱、番茄酱或芝士酱,增进食欲。

第62天 冬瓜面

搭配
- 奶香包
- 凉拌土豆丝
- 桂花糯米藕
- 彩椒鸡丝

换食材不减营养:可将油菜换成菠菜。

原料: 面条100克,冬瓜80克,油菜20克,生抽、醋、盐、姜末各适量。

做法: ①冬瓜洗净,切片;油菜洗净,撕成片。②锅中倒油,油热后煸香姜末,放入冬瓜片翻炒,加生抽和适量水,加盖烧煮,加醋和盐,即可出锅。③面条和油菜一起煮熟,把煮好的冬瓜连汤一起浇在面条上。

■**补妈妈壮宝宝:** 预防和缓解孕期水肿,还能补充多种维生素。

第63天 芦笋鸡丝汤

搭配
- 花卷
- 清蒸鲫鱼
- 栗子扒白菜
- 鲜虾卷

应选白里透红,看起来有亮度,手感较光滑的优质鸡肉。

原料: 芦笋、鸡肉各100克,鸡蛋清、高汤、淀粉、盐、香油各适量。

做法: ①鸡肉切丝,用鸡蛋清、盐、淀粉拌匀腌20分钟。②芦笋洗净沥干,切段。③锅中放入高汤,加鸡肉丝、芦笋同煮,煮熟后加盐,淋香油即可。

■**补妈妈壮宝宝:** 含维生素、微量元素及多种氨基酸。

第64天 孜然鱿鱼

搭配
○ 全麦面包　　○ 牛奶洋葱汤
○ 鲜蘑炒豌豆　○ 苹果

孜然鱿鱼是一道制作简便的美食，对胎宝宝和孕妈妈均有益处。

原料: 鱿鱼花150克,洋葱片、青椒片、胡萝卜片各10克,白醋、料酒、孜然、葱末、姜片、蒜蓉、盐各适量。

做法: ①鱿鱼花汆水,捞出沥干。②葱末、姜片炝锅,倒鱿鱼翻炒,放入其他食材及调料,将鱿鱼炒熟透。

■ **补妈妈壮宝宝:** 对胎宝宝骨骼发育和造血十分有利。

 第65天 奶酪三明治

搭配
○ 家常豆腐　　○ 清炒油菜
○ 素拌香菜　　○ 香菇炖鸡

原料: 全麦面包2片,西红柿100克,奶酪、黄油各适量。

做法: ①面包片切成圆形。②锅内放黄油,融化后,放一片全麦面包,放入奶酪和第二片全麦面包,煎至两面金黄色。③西红柿洗净,切片,夹在全麦面包中。

■ **补妈妈壮宝宝:** 含维生素A,增强孕妈妈的抗病能力。

孕妈妈可自制些果酱,搭配食用,会比较安全、放心。

🍴 第66天 豆角焖饭

搭配 ○ 奶香西蓝花　　○ 豆浆海鲜汤
○ 红烧鳗鱼　　　○ 苦瓜煎蛋

豆角一定要煮熟，不然有中毒的危险。

原料： 大米200克，豆角100克，盐适量。

做法： ①大米、豆角洗净。②豆角切粒，放在油锅里略炒一下。③将豆角粒、大米放在电饭锅里，再加入比焖米饭时稍多一点的水焖熟即可，根据自己的口味适当加盐。

■ **补妈妈壮宝宝：** 豆角含有丰富的蛋白质、维生素等营养素，对胎宝宝此阶段的发育非常有帮助。

🍴 第67~68天 西红柿炒菜花

搭配 ○ 豆沙包　　　　○ 鸡蛋
○ 醋熘白菜　　　○ 六合菜

此道菜口感酸甜，可提升孕妈妈的食欲。

原料： 菜花250克，西红柿120克，水淀粉、白糖、盐各适量。

做法： ①菜花洗净，掰朵；西红柿洗净，切块。②锅中注水烧开，放入菜花，淋入少许油，搅拌均匀，煮至断生，捞出。③油锅烧热，倒入菜花与西红柿，大火快炒，加水淀粉、少许白糖、盐，炒匀，即可。

■ **补妈妈壮宝宝：** 菜花中含有丰富的异硫氰酸盐、硒与维生素C，能够增强孕妈妈肝脏的解毒能力，提高机体免疫力及预防感冒。

第69天 青椒茄子

搭配
○ 风味卷饼 ○ 老鸭汤
○ 黄花菜炒鸡蛋 ○ 草莓

此菜最好大火快炒，可防止维生素C流失。

原料： 茄子120克，青椒50克，花椒、蒜末、水淀粉、白糖、盐各适量。

做法： ①茄子洗净，切块；青椒洗净，切块。②油锅烧热，倒入茄子块，中小火略炸后放入青椒块，炸出香味，捞出，沥干油。③油锅烧热，倒入花椒、蒜末炒香后，倒入炸好的茄子、青椒，翻炒均匀，加少许白糖、盐、水淀粉，炒匀至入味，即可。

■ **补妈妈壮宝宝：** 此菜富含维生素P、维生素C等多种维生素。

第70天 小麦菠菜饼

搭配
○ 煮豆腐 ○ 蒸南瓜
○ 红烧鳝鱼 ○ 牛奶

换食材不减营养：可将菠菜换成胡萝卜、青菜等蔬菜。

原料： 小麦粉120克，菠菜100克，鸡蛋1个，十三香、盐各适量。

做法： ①菠菜洗净，放入开水中焯烫，取出切段。②将小麦粉、菠菜段倒入碗中，磕入鸡蛋，加入适量十三香和盐，搅拌成面糊。③煎锅中倒油烧热，倒入面糊，待凝固成饼状，翻面，至两面煎熟，即可。

■ **补妈妈壮宝宝：** 此菜富含膳食纤维，可预防孕期便秘，搭配鸡蛋食用，营养更全面。

🍴 第71天 秋葵炒香干

🔲 **搭配**
- ○ 全麦面包
- ○ 拌三丝
- ○ 排骨汤
- ○ 橙子

秋葵含有的果胶具有保护皮肤和胃黏膜的作用。

原料: 秋葵 100 克, 香干 200 克, 蒜末、白醋、盐各适量。

做法: ①秋葵洗净, 切成短段, 放入沸水锅中焯烫 2 分钟, 捞出, 沥干水分。②香干切条, 放入开水中焯烫片刻, 捞出, 沥干。③油锅烧热, 放入蒜末爆香, 倒入秋葵段与香干条, 翻炒均匀, 淋入白醋、盐, 翻炒 2 分钟, 即可。

■ **补妈妈壮宝宝:** 此菜能够为孕妈妈补充钙、蛋白质及多种维生素。

🍴 第72天 西红柿炖豆腐

 搭配
- ○ 孜然鱿鱼
- ○ 鸡蛋
- ○ 奶酪三明治
- ○ 苹果

豆腐块最好不要切太小, 否则容易炖碎。

原料: 西红柿 100 克, 豆腐 200 克, 葱末、盐各适量。

做法: ①西红柿洗净, 切块; 豆腐冲洗干净, 切块。②油锅烧热, 放入西红柿块煸炒, 放入豆腐块, 加适量水, 大火烧开后转小火炖 10 分钟。③大火收汤, 撒上葱末, 加盐调味。

■ **补妈妈壮宝宝:** 西红柿可预防妊娠斑, 还能为孕妈妈补充维生素 C, 可经常食用。

🍴 第 73 天 豆腐鲈鱼汤

搭配
○ 荞麦凉面　　○ 芦笋炒虾球
○ 干煸菜花　　○ 苹果

原料: 鲈鱼 1 条,豆腐 200 克,香菇 3 朵,姜片、盐各适量。

做法: ①将鲈鱼洗净后,切块备用;豆腐切块;香菇去蒂,切半。②将姜片放入锅中,加清水烧开,加入香菇、豆腐、鲈鱼块,炖煮至熟,加盐调味即可。

■ **补妈妈壮宝宝:** 这道汤低脂易消化,适合整个孕期食用。

鲈鱼含有丰富的DHA,利于胎宝宝脑部发育。

🍴 第 74 天 芹菜鱼肉汤

搭配
○ 鸡蛋饼　　　○ 山药五彩虾仁
○ 胭脂冬瓜球　○ 豌豆炒三丁

芹菜中富含膳食纤维,可有效预防便秘。

原料: 鱼肉 100 克,芹菜 60 克,肉汤适量。

做法: ①芹菜洗净,切碎,备用。②鱼肉洗净,去皮、去刺,放入开水锅中煮熟后捣碎。③锅中加肉汤,煮沸后放入鱼肉碎,然后再放入芹菜碎,煮熟,即可。

■ **补妈妈壮宝宝:** 鱼肉富含 DHA、EPA,可以促进胎宝宝智力发育。

第75天 柠檬饭

搭配
○ 豆腐汤　　○ 凉拌海蜇
○ 煎鳕鱼　　○ 芝麻圆白菜

原料: 香米 100 克,柠檬 1 个,盐适量。

做法: ①柠檬洗净,切成两半,一半去皮切末,一半切成薄片。②香米淘洗干净,放入适量水和盐焖煮。③饭熟后,扣在周围环绕柠檬片的盘中,撒上柠檬末装饰即可。

■ **补妈妈壮宝宝:** 清新酸爽的柠檬饭,很适合孕妈妈食用。

柠檬中维生素C的含量十分丰富。

第76天 盐水鸡肝

搭配
○ 面包　　○ 滑嫩玉米羹
○ 菠菜核桃仁　　○ 橙子

原料: 鸡肝 250 克,香菜末、葱末、姜末、蒜末、大料、料酒、白醋、香油、盐各适量。

做法: ①鸡肝洗净,放入锅中,加适量水、葱末、姜末、蒜末、大料、料酒、盐同煮,15~20 分钟后,待鸡肝熟透,取出凉凉。②鸡肝切块,加香菜末、葱末、蒜末、香油、白醋搅拌均匀。

■ **补妈妈壮宝宝:** 补铁佳品,可调节孕妈妈身体状态。

换食材不减营养:可将鸡肝换成猪肝,有利于明目补血。

🍴 第77天 山药三明治

搭配
○ 红烧排骨　　○ 凉拌素什锦
○ 松仁海带　　○ 干煸菜花

如果孕妈妈胃口不佳,可以将沙拉酱换成酸甜的番茄酱。

原料: 山药 50 克,煮鸡蛋 1 个,培根 1 片,切片面包 2 片,沙拉酱适量。

做法: ①山药蒸熟,去皮,压成泥;鸡蛋切成末。②培根煎熟,取出,切碎。③培根、山药、鸡蛋与沙拉酱拌匀,抹在面包片上,略压,切成三角形,即可。

■ **补妈妈壮宝宝:** 山药利于孕妈妈脾胃的消化与吸收。

第78天 豆角肉丝家常炒面

搭配
○ 松仁鸡心　　○ 猪肚汤
○ 栗子扒白菜　○ 拌海带丝

此菜鲜香可口,能够在一定程度上提升孕妈妈食欲。

原料: 猪瘦肉丝 100 克,面条 200 克,豆角段 80 克,红椒丝、盐、香油、酱油、淀粉、葱花各适量。

做法: ①面条煮九成熟,淋入香油拌匀放凉。②肉丝加盐、淀粉腌制。③油温五成热时放肉丝,变色后捞出。④爆香葱花,先倒豆角翻炒至变软,加入肉丝翻炒,加香油、酱油,然后放入红椒丝翻炒,最后放入面条炒散。

■ **补妈妈壮宝宝:** 让孕妈妈在贫血高发期远离贫血。

🍴 第 79 天 鱼头木耳汤

 搭配
- ○ 面包
- ○ 熘肝尖
- ○ 丝瓜金针菇
- ○ 苹果

黑木耳不仅滑嫩可口，滋味鲜美，而且营养丰富，有"素食之王"的美称。

原料： 鱼头半个，冬瓜 100 克，白菜、水发木耳各 50 克，盐、葱段、姜片、料酒、胡椒粉各适量。

做法： ①将鱼头洗净，抹上盐；冬瓜、白菜洗净切块。②油锅烧热，把鱼头煎至金黄时，烹入料酒、盐、葱段、姜片、冬瓜，加入适量清水，大火烧沸，小火焖 20 分钟。③放入木耳、白菜、胡椒粉，烧沸后即可。

■ **补妈妈壮宝宝：** 吸附残留在体内的杂质，清洁血液。

🍴 第 80 天 猪血鱼片粥

搭配
- ○ 烤鱼饭团
- ○ 凉拌空心菜
- ○ 黄花菜炒鸡蛋
- ○ 桃

原料： 猪血、大米各 100 克，鱼片 50 克，干贝、盐、葱花、胡椒粉、料酒、酱油、香油、姜丝各适量。

做法： ①猪血洗净切块；鱼片切片，加料酒、酱油、姜丝拌匀；干贝温水浸软，撕碎。②锅内放清水、大米、干贝，熬煮至粥将熟时，加猪血、鱼片、盐，沸时撒葱花、胡椒粉，淋香油。

■ **补妈妈壮宝宝：** 此粥可去尘清肺、美容补血。

鱼肉中含有 DHA，能够促进胎宝宝脑部发育。

🍴 第81天 枣杞蒸鸡

搭配
- ○ 菠菜年糕
- ○ 鲜奶粥
- ○ 清蒸大虾
- ○ 煮豆腐

原料： 鸡块 200 克，红枣、枸杞子、盐、姜片、葱片各适量。

做法： ①鸡块氽去血水，放入器皿中。②加红枣、枸杞子、姜片、葱片和盐，放入蒸锅内，水开后蒸约 30 分钟。

■ **补妈妈壮宝宝：** 鸡肉和红枣、枸杞子同吃，补血更佳。

红枣还有养胃健脾的作用。

🍴 第82天 罗宋汤

搭配
- ○ 米饭
- ○ 红烧鲤鱼
- ○ 彩椒玉米粒
- ○ 苹果

添食材增营养：也可适当加些牛肉片，营养更全面。

原料： 西红柿 150 克，圆白菜 100 克，胡萝卜 40 克，番茄酱、黄油、奶油各适量。

做法： ①西红柿洗净，切丁；胡萝卜洗净，去皮，切丁；圆白菜洗净，切丝。②锅中放入黄油，中火加热，等到黄油半融之后，加入西红柿丁，炒出香味，加入番茄酱、奶油。③锅中加水，放入胡萝卜丁，炖煮至胡萝卜丁绵软、汤汁浓稠，加入圆白菜丝，煮 10 分钟左右，即可。

■ **补妈妈壮宝宝：** 此汤具有增强抵抗力、健胃消食的作用，且口感酸中带甜、鲜香爽口，可提升孕妈妈食欲。

第83天 翡翠豆腐

搭配
○ 南瓜包　　　　○ 煎鸡蛋
○ 土豆炖牛肉　　○ 孜然鱿鱼

豆腐富含优质植物蛋白质，可提升孕妈妈机体免疫力。

原料： 豆腐200克，菠菜50克，盐适量。

做法： ①将豆腐上屉蒸一下，用凉水过凉，切成细条，沥干水分。②菠菜洗净，放入沸水中焯一下，捞出，切成段，放入凉水中过凉，沥干。③将豆腐条和菠菜段装入盘内，浇上热油，撒上盐，拌匀即可。

■ **补妈妈壮宝宝：** 此菜能为孕妈妈补气生血，同时有润肌护肤的功效。

第84天 虾肉冬蓉汤

搭配
○ 米饭　　　　　○ 彩椒玉米粒
○ 凉拌木耳　　　○ 蔬果汁

原料： 鲜虾50克，冬瓜200克，鸡蛋（取蛋清）2个，姜片、盐、白糖、香油、高汤各适量。

做法： ①鲜虾洗净，去虾线，取出虾肉；冬瓜洗净，去皮，去瓤，切小粒，与姜片及高汤同煲。②将冬瓜汤煮开，放入虾肉，加盐、少许白糖、香油，淋入蛋清。

■ **补妈妈壮宝宝：** 不仅补钙，还为胎宝宝健康成长提供热量。

鲜虾和蛋清中均含有丰富的优质蛋白质。

孕4月
注重补碘

由于孕妈妈不仅要满足自己的身体需要，还要满足胎宝宝发育所需的营养，因此非常容易缺碘。碘不仅是合成甲状腺激素的原料，它还能调节甲状腺的生长和分泌。缺碘会影响胎宝宝脑皮质发育，造成智力低下、聋哑或痴呆的后果。孕妈妈每天需要补充0.23毫克碘，这就需要吃一些含碘食物，如海带、紫菜等海产品。

孕4月 宜不宜速查

进入孕4月，孕妈妈的精神、胃口都好起来了，吃饭不再是问题。不过即使孕妈妈每天都十分有食欲，也不要大吃特吃，在体重迅速增长的开始，孕妈妈一定要控制好饮食量，不能任凭自己吃成个大胖子，这样对胎宝宝不利，也会为产后瘦身带来烦恼。

宜

● 胎宝宝恒牙胚在这个月开始发育，孕妈妈及时补钙，会给胎宝宝将来拥有一口好牙打下良好基础。

● 每天喝500~600毫升牛奶，多吃鱼类和绿叶菜、芝麻、瘦肉，为胎宝宝的骨骼和牙齿发育提供充足的钙质。

● 孕妈妈便秘时，可以多吃一些含植物油脂的食品，如芝麻、核桃等，能够帮助通便。

● 这个月，孕妈妈可以选择一所合适的医院建立档案，并做一次全面的产前检查，按期产检，以保证妊娠的顺利进行。多胞胎孕妈妈要承担更多的责任和风险，所以一定要定期进行产检，发现情况要及时治疗。

● 孕妈妈的汗水分泌旺盛，应经常擦洗，保持身体干爽，另外，淋浴时一定要注意防滑。

不宜

● 水果的糖分含量很高，孕期饮食中糖分含量过高，容易引发妊娠糖尿病等疾病，所以孕妈妈吃水果要适量。

● 植物中的草酸、膳食纤维，茶中的鞣酸等都会抑制铁质的吸收，孕妈妈补充铁时，注意不要与这些食物搭配食用。

● 冷的东西吃多了会引起腹泻，刺激子宫收缩，可能引起流产，孕妈妈要注意避免。孕妈妈尽量不要把手直接浸入冷水中，尤其是在冬、春季节，最好用温水洗手、洗脸。

● 如果家里有人得了流感，孕妈妈要马上采取隔离措施，并注意室内消毒。

● 有习惯性流产史的孕妈妈在整个孕期都要绝对避免进行性生活，因为性兴奋可能会诱发子宫强烈收缩而对胎宝宝不利。

关注体重变化

到本月末，胎宝宝会长到12厘米左右，体重约70克，相当于1个橘子的重量。因为孕吐反应减轻，这个月很多孕妈妈会出现体重增长过快的情况，有的甚至一个月就能长2~2.5千克，此时体重如果不加以控制，就会导致营养过剩或者巨大儿的出现。

孕4月 饮食营养全知道

从这个月开始，孕妈妈进入了比较安全的孕中期。妊娠引起的不适感逐渐消退，胎宝宝也正在健康成长。孕妈妈这个月的食欲增加了，胎宝宝的营养需求也加大了。

吃酸有讲究

很多孕妈妈都爱吃酸酸的食物，但是吃酸也有讲究。人工腌制的酸菜虽然有一定的酸味，但维生素、蛋白质等多种营养素损失较多，而且腌菜中的致癌物质亚硝酸盐含量较高，过多食用对孕妈妈、胎宝宝的健康有害。所以喜吃酸食的孕妈妈，最好选择既有酸味又营养丰富的西红柿、樱桃、杨梅、橘子、酸枣、葡萄、青苹果等。

增加锌的摄入量

缺锌会造成孕妈妈的嗅觉、味觉异常，食欲减退，消化和吸收功能不良，免疫力降低。富含锌的食物有生蚝、动物肝脏、口蘑、赤贝、坚果等，生蚝中锌的含量尤其丰富，不过每天锌的摄入量不宜超过 40 毫克。

常吃奶类、豆类，小腿不抽筋

孕期容易小腿抽筋，孕妈妈除了在天冷和睡眠时注意下肢保暖，走路时间不宜过长，不穿高跟鞋外，饮食上也要多摄入富含钙及维生素 B_1 的食物，牛奶和豆制品是公认的补钙佳品。孕中期开始后可以适量服用钙片、维生素 D 制剂、鱼肝油等。

多吃含膳食纤维的食物，改善胀气

孕妈妈经常会控制不住地打嗝、排气，不用尴尬，这是正常的现象。避免胀气要少食多餐，多吃蔬菜、水果，多喝水，促进排便。孕妈妈不要久坐，可以经常站起来走走，有助排气。

适量吃海产，预防甲状腺疾病

胎宝宝严重碘缺乏会对大脑发育造成不可逆的损害，其严重后果就是患克汀病。所谓克汀病是指以智力残疾为主要特征，并伴有精神综合征或甲状腺功能低下的一种疾病。在孕早期补充足够的碘，是能够完全预防克汀病的。因此，孕妈妈可以每周吃3次海产，包括海藻、海菜等。

经常量体重，适当调饮食

从孕4月到孕7月，孕妈妈的体重迅速增长，胎宝宝也在迅速成长。很多孕妈妈的体重都超标了，有的孕妈妈还会有妊娠高血压、妊娠糖尿病的症状。因此，孕妈妈要经常量体重，发现体重增长过快时，要减少高脂、高糖、高热量食物的摄入，主食要注意米面、杂粮搭配，副食要全面多样，注意荤素搭配。

喝牛奶讲方法

喝纯牛奶，无论是巴氏杀菌奶，还是超高温灭菌奶，都可以温热后喝，不必煮沸。喝牛奶前先吃点东西，或边吃食物边饮用。在傍晚或临睡之前半小时饮用牛奶，可以帮助孕妈妈入眠。

少吃火锅

涮火锅食材多是羊肉、牛肉等生肉片，还有海鲜、鱼类等，这些都有可能含有弓形虫的幼虫等寄生虫。短暂的热烫不能杀死幼虫及虫卵，进食后可能会造成弓形虫感染，所以孕妈妈一定要警惕。一定要去信誉好的火锅店或选购靠谱食材在家吃，不可一味追求口感，肉类、海鲜一定要熟透再吃。

豆浆一定要煮开

豆浆必须要煮开，煮的时候还要敞开锅盖，煮沸后继续加热3~5分钟，使泡沫完全消失，让豆浆里的有害物质变性失活。每次饮用250毫升豆浆为宜，自制豆浆尽量在2小时以内喝完。

孕妈妈自制果汁或豆浆时，最好是现榨现喝，以免营养流失或变质。

周一

一日餐单

- 早餐：牛奶 + 鸡蛋 + 菜包子
- 午餐：米饭 + 芝麻茼蒿 + 肉末炒芹菜
- 晚餐：莴苣鱼片粥 + 花卷 + 凉拌海蜇
- 加餐：强化营养饼干 + 松仁

肉末炒芹菜
促进肠道蠕动

周二

一日餐单

- 早餐：蔬果拼盘 + 全麦面包 + 荷包蛋
- 午餐：咸香蛋黄饼 + 鸡脯扒小白菜 + 银耳花生仁汤
- 晚餐：香椿核桃仁 + 鲜蔬小炒肉 + 虾饺
- 加餐：牛奶 + 核桃

什锦烧豆腐
清热润燥

周日

一日餐单

- 早餐：小米红枣粥 + 鸡蛋 + 苹果
- 午餐：二米饭 + 什锦烧豆腐 + 桂花糯米藕
- 晚餐：糙米饭 + 煎鳕鱼 + 排骨玉米汤 + 豆豉油麦菜
- 加餐：酸奶 + 开心果

周六

一日餐单

- 早餐：南瓜黄瓜糊 + 煎鸡蛋
- 午餐：黑豆红枣粥 + 清蒸大虾 + 干煸菜花
- 晚餐：馒头 + 茴香拱蛋 + 胭脂冬瓜球
- 加餐：橙子 + 坚果 + 酸奶

银耳花生仁汤
补血益气

周三
一日餐单

- 早餐：南瓜奶糊 + 鸡蛋 + 凉拌土豆丝
- 午餐：烙饼 + 芥菜干贝汤
- 晚餐：荞麦凉面 + 虾仁滑蛋 + 醋熘白菜
- 加餐：牛奶 + 坚果

周四
一日餐单

- 早餐：牛奶 + 水煮鹌鹑蛋 + 豆沙包
- 午餐：猪肚粥 + 咸香蛋黄饼 + 清炒蚕豆
- 晚餐：乌鸡糯米粥 + 素炒木樨 + 凉拌空心菜
- 加餐：鹌鹑蛋

猕猴桃酸奶
增加食欲、补充钙质

周五
一日餐单

- 早餐：鲤鱼粥 + 馒头 + 鸡蛋
- 午餐：米饭 + 海参豆腐煲 + 时蔬百合汤
- 晚餐：花卷 + 彩椒炒牛肉 + 芦笋西红柿
- 加餐：猕猴桃酸奶 + 开心果

孕 4 月
一周营养食谱推荐

胎宝宝寄语：我的五官已经清晰可见。

妈妈，我已经成为一个漂亮的娃娃了，头顶上开始长出细细的头发，眉毛依稀可见。我的五官已经清晰可辨，感知觉也发育成熟，对外界的不良刺激和有害物质的抵御能力也逐渐增强起来。我在自己的小乐园里快乐玩耍，有时伸伸手脚，有时做做鬼脸，惬意极了。

孕4月 营养食谱

▶ 适当吃些粗粮

🍴 第85天 鸭块炖白菜

搭配
- ○ 包子
- ○ 丝瓜金针菇
- ○ 胭脂冬瓜球
- ○ 苹果

原料： 鸭肉块200克，白菜150克，姜片、料酒、盐各适量。

做法： ①鸭肉块洗净；白菜洗净，切段。②鸭肉块放入锅中，加水煮沸去血沫后，放入料酒、姜片，用小火炖至八成熟，然后加入白菜，煮至食材熟烂，加盐调味即可。

■ **补妈妈壮宝宝：** 鸭肉容易消化，搭配白菜食用，还有通利胃肠的作用。

鸭肉还有消水肿的作用。

🍴 第86天 肉末炒芹菜

搭配
- ○ 花卷
- ○ 葱爆牛肉
- ○ 银耳豆苗
- ○ 西红柿

原料： 猪肉丁50克，芹菜丁200克，酱油、水淀粉、料酒、葱末、姜末、盐各适量。

做法： ①猪肉丁用酱油、水淀粉、料酒腌制。②芹菜丁焯烫。③油锅烧热，放葱末、姜末煸炒，再放猪肉丁快炒。④放芹菜丁快炒，加盐调味即可。

■ **补妈妈壮宝宝：** 益气补血，让孕妈妈拥有好气色。

猪肉与芹菜一起做成馅，包成饺子后，入蒸锅蒸食，咬一口汁多味香。

孕妈妈胃口大开了，虽然可以吃各种平时喜欢却因为担心发胖而不敢吃的东西，但也要注意营养均衡，鱼、肉、蛋、菜、水果要合理搭配，还应注意适当吃些粗粮，以使饮食更健康。

🍴 第 87 天 腐竹玉米猪肝粥

搭配
○ 风味卷饼　　　○ 煮豆腐
○ 空心菜炒肉　　○ 火龙果

原料：腐竹 40 克，大米、玉米粒各 20 克，猪肝 30 克，盐、葱末各适量。

做法：①腐竹温水浸泡，切段；大米、玉米粒浸泡 30 分钟。②猪肝汆烫片刻后，切薄片，用盐腌制。③将腐竹、大米、玉米粒放锅中，加清水，大火煮沸转小火炖 30 分钟；放猪肝，转大火再煮 10 分钟，出锅前放盐，撒上葱末。

■ 补妈妈壮宝宝：孕妈妈适当吃猪肝可预防缺铁性贫血。

玉米富含膳食纤维，可预防便秘。

本月必吃助孕食材：山药

山药含有黏蛋白、淀粉酶、皂苷、游离氨基酸、多酚氧化酶等物质，有一定滋补的效果。食用山药能增强免疫力，孕妈妈可以当作主食的一部分放心吃。

常吃山药补气健脾，也可以促进胎宝宝的生长发育。

消除胃酸有方法

多数孕妈妈会遇到胃酸这个问题，首先，要保持放松、愉快的心情；其次，孕妈妈可适当减少饮食量，尤其是含糖比较高的食物，这样可以减轻胃肠的负担；最后，主食中应适当减少精粮、增加粗粮，与此同时，饮食也要清淡。

第88天 小米桂圆粥

搭配
- ○ 花卷
- ○ 蒜泥黄瓜
- ○ 四色什锦菜
- ○ 苹果

添食材增营养: 可以加些红枣, 安神效果更佳。

原料: 小米 100 克, 桂圆 50 克, 枸杞子 5 克, 白糖适量。

做法: ①枸杞子洗净, 浸泡 5 分钟; 桂圆洗净去壳、去核, 留桂圆肉; 小米洗净, 备用。②将小米放入锅中, 注水后大火煮沸, 转小火煮 25 分钟。③将桂圆肉放入锅中, 煮沸, 再放入枸杞子, 最后放入少许白糖, 搅拌均匀, 即可。

■ **补妈妈壮宝宝:** 桂圆具有滋阴作用, 小米具有安神功效, 两者搭配能够提升孕妈妈的睡眠质量。

 第89天 山药五彩虾仁

搭配
- ○ 鸡丝凉面
- ○ 凉拌菜
- ○ 醋熘白菜
- ○ 苹果

滋补脾胃的食物首推山药, 它是润肺、健脾、补肾的佳品。

原料: 山药条 200 克, 虾仁 100 克, 胡萝卜条 50 克, 青椒丝、水淀粉、料酒、白糖、香油、盐各适量。

做法: ①山药条、胡萝卜条焯水; 虾仁洗净, 加料酒、少许白糖、盐腌片刻。②油锅烧热, 放虾仁, 炒至变色, 放山药条、胡萝卜条、青椒丝, 炒片刻, 调入盐、水淀粉。③汤汁稍干后淋上香油。

■ **补妈妈壮宝宝:** 营养丰富, 能满足胎宝宝发育所需。

🍴 第90天 枣莲三宝粥

搭配
○ 鸡蛋饼　　　○ 韭菜炒鸡蛋
○ 松仁海带　　○ 肉末炒芹菜

绿豆有清热解暑的作用。

原料: 大米 100 克, 绿豆 20 克, 莲子、红枣各 10 克, 红糖适量。

做法: ①绿豆、大米洗净；莲子、红枣洗净。②将绿豆和莲子放在带盖儿的容器内, 加入少量开水闷泡 1 小时。③将闷过的绿豆、莲子放锅中, 加少量水烧开, 再加入红枣和大米, 用小火煮至豆烂粥稠, 加少许红糖调味。

■ **补妈妈壮宝宝**: 莲子热量较高, 且有安神养血的作用。

🍴 第91天 干贝灌汤饺

搭配
○ 香菇油菜　　○ 清蒸大虾
○ 奶汁烩生菜　○ 核桃

原料: 肉末 80 克, 干贝 20 克, 姜末、盐、饺子皮各适量。

做法: ①干贝用清水泡发后撕碎, 然后将肉末、干贝、姜末、盐和适量植物油调制成馅。②将馅料包入饺子皮, 捏紧, 煮熟即可。

■ **补妈妈壮宝宝**: 滋阴补血、益气健脾。

干贝富含蛋白质、维生素 B_2、碘等营养素。

第92天 香菇豆腐塔

○ 花生米糊　　　○ 三文鱼蒸蛋
○ 农家小炒肉　　○ 蓝莓

原料: 豆腐300克,香菇3朵,榨菜、酱油、白糖、盐、香油、淀粉各适量。

做法: ①将豆腐切成四方大块,中心挖空;香菇洗净,剁碎;榨菜剁碎。②香菇和榨菜用少许白糖、盐及淀粉拌匀即为馅料;将馅料酿入豆腐中,摆在碟上蒸熟,淋上香油、酱油。

■**补妈妈壮宝宝:** 这道菜鲜香可口,富含植物蛋白、维生素和矿物质。

香菇富含人体必需的脂肪酸,能降血脂,抑制动脉血栓的形成。

第93天 海带豆腐汤

搭配
○ 豆沙包　　　○ 素烧三元
○ 芦笋炒虾球　　○ 苹果

添食材增营养:可以加些高汤或者鸡汤,味道更鲜美。

原料: 豆腐100克,水发海带丝50克,盐适量。

做法: ①豆腐洗净,切块。②锅中加清水,放入洗净的海带丝大火烧沸,然后转中火煮软。③放入豆腐块煮熟透,最后加盐调味。

■**补妈妈壮宝宝:** 此汤营养全面,含有丰富的钙、碘、锌等矿物质。

🍴 第 94 天 紫薯山药球

搭配
- ○ 糙米饭
- ○ 西芹炒百合
- ○ 三文鱼豆腐汤
- ○ 雪梨

一般来讲，孕妈妈比较喜欢紫薯的香甜味道。

原料： 紫薯 200 克，山药 100 克，炼乳适量。

做法： ①紫薯、山药洗净，去皮，蒸烂后压成泥。②在山药泥中混入适量蒸紫薯的紫水，然后分别拌入炼乳后混合均匀。③揉成球形即可。

■ **补妈妈壮宝宝：** 紫薯山药球含有多种营养素，能满足胎宝宝此阶段的身体发育所需。

🍴 第 95 天 糖醋白菜

搭配
- ○ 花卷
- ○ 红烧茄子
- ○ 小米粥
- ○ 凉拌菠菜

白菜含有丰富的膳食纤维，可刺激肠胃蠕动，助消化。

原料： 白菜片 200 克，胡萝卜片 100 克，淀粉、白糖、醋、酱油、盐各适量。

做法： ①淀粉、少许白糖、醋、酱油、盐拌匀，调成糖醋汁。②油锅烧热，放入白菜片煸炒，然后放入胡萝卜片，炒至熟烂；倒入糖醋汁，翻炒几下即可。

■ **补妈妈壮宝宝：** 酸甜脆嫩爽口，让孕妈妈食欲大振。

🍴 第96天 凉拌空心菜

🏷️ **搭配**
○ 乌鸡糯米粥　　○ 鲜蔬小炒肉
○ 素炒木樨　　　○ 牛奶

空心菜焯水后，在拌之前最好泡在凉水里，否则会氧化变黑。

原料：空心菜250克，蒜、香油、盐各适量。

做法：①蒜洗净切末；空心菜洗净，切段。②水烧开，放入空心菜段，烫2分钟，捞出。③将蒜末、盐与少量水调匀后，再淋入香油，做成调味汁。④将调味汁和空心菜段搅拌均匀即可。

■ **补妈妈壮宝宝**：此菜膳食纤维含量极为丰富，可预防孕妈妈便秘。

🍴 第97天 荷包鲫鱼

🏷️ **搭配**
○ 酸菜肉丝面　　○ 煎鸡蛋
○ 葱香白萝卜　　○ 里脊肉炒芦笋

猪瘦肉富含蛋白质、维生素B₁等营养素。

原料：鲫鱼1条，猪瘦肉100克，盐、酱油、料酒、白糖各适量。

做法：①鲫鱼洗净，划刀。②猪瘦肉洗净，切成细末，加盐拌匀，塞入鲫鱼背上的刀口处。③鱼两面煎黄，放料酒、酱油、少许白糖、水。④加盖烧20分钟，启盖后，加盐调味起锅即可。

■ **补妈妈壮宝宝**：鲫鱼味道鲜美，肉质细嫩，对孕期水肿的孕妈妈有一定的疗效。

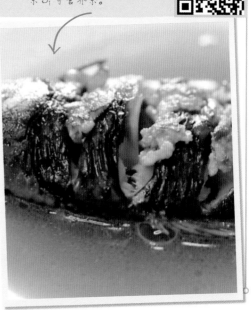

🍴 第98~99天 菠萝虾仁炒饭

搭配　○ 清炒时蔬　　○ 三文鱼豆腐汤
　　　○ 西芹炒百合　○ 花生

虾仁中含有优质蛋白质，可为孕妈妈补充营养。

原料： 虾仁80克，豌豆、米饭、菠萝各100克，蒜末、盐、香油各适量。

做法： ①虾仁洗净；菠萝取果肉切小丁；豌豆洗净，入沸水中焯烫。②油锅烧热，爆香蒜末，加入虾仁炒至八成熟，加豌豆、米饭、菠萝丁快炒至饭粒散开，加盐、香油调味。

■ **补妈妈壮宝宝：** 孕妈妈通过吃这道炒饭可获得充足的碳水化合物。

🍴 第100天 牛肉粥

搭配　○ 鲜虾卷　　○ 排骨汤
　　　○ 素三鲜　　○ 红烧鳝鱼

原料： 牛肉、胡萝卜丝、大米各50克，鸡蛋1个，黄酒、葱末、姜末、盐各适量。

做法： ①取蛋清；牛肉洗净，切丝，用姜末、蛋清、黄酒腌制。②大米洗净，加水，煮至八成熟。③将牛肉丝倒入粥中，加胡萝卜丝同煮，小火煮30分钟后，加盐、葱末调味即可。

■ **补妈妈壮宝宝：** 牛肉粥保留了牛肉中大部分的营养，而且易吸收。

换食材不减营养：不爱吃胡萝卜的孕妈妈可将其换成青菜。

🍽 第101天 咸香蛋黄饼

搭配
○ 辣椒炒鸡蛋　　○ 红枣粥
○ 鲜蔬小炒肉　　○ 苹果

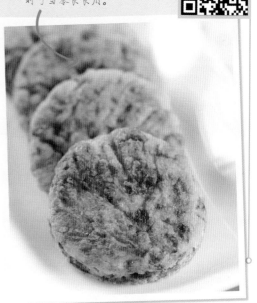

此饼咸香可口，孕妈妈加餐时可当零食食用。

原料: 紫菜30克,鸡蛋2个,面粉150克,盐适量。

做法: ①紫菜洗净,切碎;鸡蛋打入碗中,取蛋黄备用;将紫菜碎、蛋黄和面粉、盐、适量水一同搅拌均匀。②油锅烧热,将面糊一勺一勺舀入锅中,用小火煎至两面金黄。

■ **补妈妈壮宝宝:** 紫菜能增强记忆力,防治孕期贫血。

🍽 第102天 清炒蚕豆

搭配
○ 手抓饼　　　　○ 红烧肉
○ 醋熘白菜　　　○ 草莓

出锅时撒入些切碎的薄荷叶炒匀,味道会更清新。

原料: 蚕豆300克,葱、盐各适量。

做法: ①葱切末,油锅烧至八成热时,放入葱末。②爆香葱末后放入蚕豆,大火翻炒,加水。③煮至蚕豆将熟时,加盐调味即可。

■ **补妈妈壮宝宝:** 蚕豆营养丰富,含蛋白质、碳水化合物、钾等多种营养物质,适宜孕妈妈食用。

🍴 第103天 芥菜干贝汤

搭配
○ 米饭　　　　○ 丝瓜海鲜菇
○ 鸡肉扒白菜　○ 西红柿

芥菜具有解表利尿、宽肺化痰、利肠开胃的功效。

原料： 芥菜 120 克，干贝 3~5 颗，鸡汤、香油、盐各适量。

做法： ①芥菜洗净切段。②用温水将干贝泡软。③锅内加鸡汤，加入芥菜和干贝肉煮熟，最后用香油、盐调味即可。

■ **补妈妈壮宝宝：** 此汤开胃消积、生津降压。

🍴 第104天 宫保素丁

搭配
○ 米饭　　　　○ 六合菜
○ 醋熘带鱼　　○ 苹果

原料： 荸荠、胡萝卜、土豆各 50 克，泡发木耳 30 克，香菇 4 朵，花生、蒜末、豆瓣酱、盐、白糖、高汤各适量。

做法： ①荸荠、胡萝卜、土豆分别切丁，焯烫；香菇切片；木耳撕小朵；花生煎熟。②蒜末炝锅，将所有原材料倒入翻炒，加豆瓣酱、盐、少许白糖炒匀，再加高汤用小火煮熟。

■ **补妈妈壮宝宝：** 这道菜食材多样，营养丰富，色香味俱全。

添食材增营养：可以加些瘦肉丁，营养更全面。

🍽 第105天 虾丸韭菜汤

搭配
○ 馒头　　　　○ 香煎三文鱼
○ 凉拌金针菇　○ 橘子

原料： 鲜虾200克，鸡蛋1个，韭菜末、淀粉、盐各适量。

做法： ①鸡蛋磕入碗中，分开蛋清、蛋黄，装入两个碗中。②鲜虾洗净，去头、壳、虾线，剁成蓉，放入装有蛋清的碗中，加入淀粉，搅成糊状。③打散蛋黄，之后放入油锅，摊成鸡蛋饼，切丝。④锅中注水烧开，用小勺舀虾糊氽成虾丸，放入蛋皮丝，煮沸后，放韭菜末、盐略煮，即可。

■ **补妈妈壮宝宝：** 鲜虾中富含优质蛋白质；韭菜中富含膳食纤维。

鸡蛋中含有的卵磷脂利于胎宝宝脑部发育。

🍽 第106天 凉拌海带豆腐丝

搭配
○ 风味卷饼　　○ 红烧排骨
○ 西芹炒百合　○ 核桃

原料： 海带丝200克，豆腐丝100克，蒜、花椒、香油、盐各适量。

做法： ①将海带丝在水中洗净，捞出沥干。②油锅烧热，炒香花椒，捞出花椒，留花椒油待用；蒜拍碎，切末。③海带丝、豆腐丝放容器中，倒入花椒油，放蒜末，加适量盐、香油调味即可。

■ **补妈妈壮宝宝：** 海带中的碘和铁含量丰富，孕妈妈适量食用，利于胎宝宝身体发育。

添食材增营养：可添加些彩椒丝，为孕妈妈提供多种维生素。

🍴 第107天 香蕉哈密瓜沙拉

搭配
○ 花生米糊　　○ 清蒸大虾
○ 奶酪手卷　　○ 雪梨

原料: 哈密瓜200克,香蕉150克,酸奶200毫升。

做法: ①香蕉去皮,取果肉备用;哈密瓜去皮,果肉切成小块备用。②香蕉切成厚度合适的片状,与哈密瓜一块儿放在盘中,把酸奶倒入盘中,拌匀即可。

■ **补妈妈壮宝宝:** 孕妈妈常吃可缓解焦躁的情绪。

香蕉可有效缓解孕妈妈便秘症状。

🍴 第108天 蛤蜊白菜汤

搭配
○ 米饭　　○ 干煸菜花
○ 蒜蓉茄子　　○ 荔枝

原料: 蛤蜊250克,白菜100克,姜片、盐、香油各适量。

做法: ①清水中滴少许香油,蛤蜊放入,洗净;白菜洗净切块。②锅中放水、盐和姜片煮沸,把蛤蜊和白菜放入。③转中火继续煮,蛤蜊张开壳,白菜熟透后关火。

■ **补妈妈壮宝宝:** 含锌元素,常吃有助于顺产。

买蛤蜊时,应选张嘴换气的,不选久张壳不闭的。

第109天 芦笋西红柿

搭配
○ 米饭　　　　○ 豌豆炒三丁
○ 芝麻圆白菜　○ 香椿核桃仁

原料：芦笋6根，西红柿1个，盐、香油、葱末、姜片各适量。

做法：①西红柿洗净，切片；芦笋洗净，焯烫后捞出，切成小段。②锅中倒油烧热，煸香葱末和姜片，放入芦笋段、西红柿片一起翻炒。③翻炒至八成熟时，加适量盐、香油、翻炒均匀即可。

■**补妈妈壮宝宝：**此菜富含维生素C，能促进胎宝宝对铁的吸收。

西红柿有益气生津、健脾和胃的作用。

第110天 韭菜炒虾仁

搭配
○ 米饭　　　　○ 凉拌海蜇
○ 农家小炒肉　○ 清炒蚕豆

原料：韭菜150克，虾仁100克，葱丝、盐、料酒、高汤、香油各适量。

做法：①韭菜洗净切段。②油锅烧热，下葱丝炝锅，放入虾肉煸炒，放料酒、盐、高汤稍炒。③放入韭菜翻炒，淋入香油即可。

■**补妈妈壮宝宝：**可促进胃肠蠕动，防治便秘。

换食材不减营养：虾仁也可换为鸡蛋，鸡蛋中含有丰富的完全蛋白、卵磷脂。

🍴 第 111 天 紫菜虾皮豆腐汤

🔲 搭配
- ○ 凉拌菜
- ○ 熘肝尖
- ○ 麻酱素什锦
- ○ 橘子

原料：紫菜 20 克，豆腐 100 克，虾皮、盐、香油各适量。

做法：①豆腐洗净，切小块。②锅中倒油烧热，放入虾皮炒香，倒入清水烧开。③放豆腐、紫菜煮 2 分钟，加入盐和香油调味即可。

■ **补妈妈壮宝宝**：这道汤营养丰富，能满足胎宝宝身体各器官快速发育的需要。

紫菜是含蛋白质最丰富的海藻之一。

🍴 第 112 天 鱼丸炖鲜蔬

搭配
- ○ 凉拌西红柿
- ○ 醋熘白菜
- ○ 孜然鱿鱼
- ○ 李子

原料：鱼肉 300 克，西蓝花、胡萝卜各 50 克，姜片、胡椒粉、水淀粉、盐各适量。

做法：①西蓝花洗净，掰成小朵；胡萝卜洗净，切丁，备用。②鱼肉剁碎，装入碗中，加胡椒粉、盐，顺一个方向搅至上劲，倒入水淀粉，搅拌均匀。③锅中注水烧开，将鱼肉泥捏成丸子状，放入锅中，煮至鱼丸浮在水面上，捞出。④另起锅，注水烧热，放入姜片、胡萝卜丁、西蓝花、盐，调味，放入鱼丸，大火煮沸，即可。

■ **补妈妈壮宝宝**：此菜含有丰富的蛋白质、DHA、钙及多种维生素。

换食材不减营养：可以将鱼肉换成猪肉。

孕5月
补维生素 D 和钙

　　孕妈妈都知道，胎宝宝需要补钙才能茁壮成长。但是钙在人体内并没有人们想象的那样吃多少就补多少，而是流失了一部分。维生素 D 能有效促进人体对钙的吸收，是打开钙代谢大门的"金钥匙"。孕妈妈要适当出门晒太阳，促进维生素 D 的合成，从而更好地吸收钙。如果孕妈妈缺钙较多，或在冬季不容易晒太阳时，可以在医生指导下服用一些含有维生素 D 的钙制剂。

孕5月 宜不宜速查

进入孕5月，胎宝宝的变化更大了，胎动更加明显，孕妈妈能更加真切地感受到自己的宝宝。这个阶段，为适应孕育宝宝的需要，孕妈妈体内的基础代谢增加，子宫、乳房迅速增大，需要适量的蛋白质和能量。考虑到胎宝宝的骨骼发育，孕妈妈要注意补充维生素D和钙，同时防止铅摄入。

宜

● 孕妈妈在吃一些含铁丰富的食物，如瘦肉、血制品、内脏等时，与水果、蔬菜等富含维生素C的食物一起食用，吸收效果会更好。

● 孕妈妈吃海鲜有助于缓解孕期抑郁，因为海鲜中的脂肪酸等物质会使孕期抑郁症状得到缓解。

● 如果乳房胀得难受，孕妈妈可以每天轻柔地按摩，促进乳腺的发育，也可以用热敷的方法来缓解疼痛。

● 孕妈妈每次洗澡后，在容易出现妊娠纹的部位擦些维生素E、杏仁油或橄榄油，可以预防妊娠纹的出现。

● 孕妈妈要在保持良好心态的同时，坚持锻炼。此时，可以给胎宝宝进行音乐胎教了，孕妈妈可以在锻炼时听听音乐。

不宜

● 孕妈妈可以遵医嘱服用一些适合孕期服用的钙剂，切不可盲目乱补或补钙过量，否则会产生很多难以预见的危害。

● 如果孕妈妈一味偏食大鱼大肉，会使体内代谢产物趋向酸性，不利于营养吸收、胎宝宝发育。

● 大麦芽除了能回奶外，还能导致落胎，所以在怀孕期间不可多吃大麦芽。

● 有些孕妈妈怕饮食过量影响体形，所以节制饮食，这样容易引起营养不良，会对胎宝宝智力有影响。

● 不管以前是否练习过瑜伽，孕妈妈都必须得到医生的允许再练，最好在有教孕妈妈练习瑜伽经验的教练指导下进行。

关注体重变化

现在胎宝宝的身长在20厘米左右，体重大约250克，相当于一个鸭梨的重量，比上个月大约增加了一倍。很多孕妈妈在这个月会超过每周体重平均增长350克这个标准值，一般来说，本月体重增长1~1.5千克即可，所以孕妈妈需要密切关注体重变化，控制体重增长。

孕5月 饮食营养全知道

进入孕5月，胎宝宝需要的营养越来越多，所以孕妈妈需要全面摄入营养，尤其是钙质的摄入，可多吃一些虾皮、豆制品、奶制品等，当然，其他食物也不能够缺乏。此外，要注意控制体重。

吃鱼头，更补脑

鱼肉含有丰富的优质蛋白质，还含有两种不饱和脂肪酸，即 DHA 和 EPA，这两种物质对大脑的发育非常有好处。它们在鱼油中的含量要高于鱼肉，而鱼油又相对集中在鱼头内，所以孕期适量吃鱼头有益胎宝宝大脑发育。

多晒太阳，补充维生素D

维生素 D 促进钙、磷在胃肠道的吸收和骨骼中的沉积，如果缺乏就会影响胎宝宝骨骼和牙齿的发育。维生素 D 主要存在于海鱼、动物肝脏、蛋黄和瘦肉中。多晒太阳也有助于人体自身合成维生素 D。

每天吃 1 个鸡蛋

如果孕妈妈过量吃鸡蛋，摄入蛋白质过多，就会在体内产生大量硫化氢、组织胺等有害物质，引起腹胀、食欲减退、头晕、疲倦等症状。同时，高蛋白饮食会导致胆固醇增高，加重肾脏的负担，不利于孕期保健，所以孕妈妈每天吃 1 个鸡蛋即可。

远离失眠，食物调节

有些孕妈妈为了免受失眠的困扰，会选择服用安眠药，但是大多数具有镇静、抗焦虑和催眠作用的药物，都会对胎宝宝产生不利影响，所以这是绝对禁止的。平时可以选择一些具有镇静、助眠作用的食物进行食疗，如芹菜可分离出一种碱性成分，对孕妈妈有镇静、安神、除烦的功效。如果睡眠质量差到忍无可忍，孕期可以适当选用安神的中药，但一定要在医生的指导下服用，同时，不可连续服用超过 1 周。

补充 B 族维生素

含有 B 族维生素的食物有糙米、粗面、玉米面、小米和水果等，这些食物中含维生素 B_1 较多。动物内脏如猪肝、鸡肝等，也是 B 族维生素的良好来源。

饮食不要太咸，防止孕期水肿

孕妈妈这个时期容易产生水肿，这时应该注意饮食不宜太咸。要定期产检，监测血压、体重和尿蛋白的情况，注意有无贫血和营养不良，必要时要进行利尿等治疗。孕妈妈应注意休息，中午最好平卧休息1小时，左侧卧位利于水肿消退。已经有些水肿的孕妈妈，睡觉时把下肢垫高些，能缓解症状。

不吃松花蛋，谨防血铅高

孕妈妈的血铅水平高，会直接影响胎宝宝正常发育，甚至造成先天性智力低下或畸形，所以一定要注意食品安全。松花蛋及罐头食品等都可能含有铅，孕妈妈尽量不要食用。

适当补钙

孕妈妈缺钙会诱发手足抽筋，胎宝宝也容易得先天性佝偻病和缺钙抽搐；如果孕妈妈补钙过量，胎宝宝可能患高血钙症，不利于胎宝宝发育，且可能有损胎宝宝面部美观。一般来说，孕妈妈在孕早期每日需钙量为800毫克，孕中晚期，增加到1000毫克。这并不需要特别补充，只要从日常的鱼、肉、蛋、奶等食物中合理摄入即可。

工作餐要"挑三拣四"

还坚守岗位的孕妈妈对待工作餐要"挑三拣四"，避免吃对胎宝宝不利的食物。口味的要求可以降低，但营养要求不能降低，一顿饭里要主食、鱼、肉、蔬菜都有，同类食物尽量种类丰富。

周一

一日餐单

- 早餐：牛奶＋鸡蛋＋三明治
- 午餐：米饭＋鸡肉扒油菜＋韭菜炒虾肉
- 晚餐：花卷＋香菇炒菜花＋鲜虾玉米汤
- 加餐：葵花子＋梨

香菇炒菜花
益气健胃

周二

一日餐单

- 早餐：枸杞子粳米糊＋鸡蛋
- 午餐：米饭＋红枣炖鲤鱼＋芝麻茼蒿
- 晚餐：小米山药粥＋肉末茄子＋奶酪手卷
- 加餐：香蕉＋牛奶

杂蔬香肠饭
富含维生素

周日

一日餐单

- 早餐：山药牛奶汁＋鹌鹑蛋
- 午餐：面条＋牙签肉＋炒时蔬
- 晚餐：杂蔬香肠饭＋莴苣肉片＋鲫鱼汤
- 加餐：开心果＋葡萄

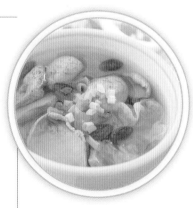

周六

一日餐单

- 早餐：全麦面包＋煎蛋
- 午餐：柠檬饭＋蘸酱菜＋豆腐炖鲤鱼
- 晚餐：风味卷饼＋六合菜＋鸡肝枸杞子汤
- 加餐：酸奶布丁＋松仁

红枣炖鲤鱼
补中益气

周三
一日餐单

- 早餐：牛奶燕麦 + 鸡蛋 + 豆沙包
- 午餐：米饭 + 五花肉焖扁豆 + 麻酱素什锦
- 晚餐：杂面花卷 + 蒜蓉茄子 + 西葫芦炒虾皮
- 加餐：麦麸饼干 + 桑葚

周四
一日餐单

- 早餐：牛奶 + 全麦面包
- 午餐：米饭 + 菌菇汤 + 鸭块白菜
- 晚餐：排骨汤面 + 鲜虾卷 + 炒西蓝花
- 加餐：酸奶 + 腰果

金针菇拌肚丝
富含蛋白质、
膳食纤维

周五
一日餐单

- 早餐：牛奶 + 麦麸饼干
- 午餐：米饭 + 金针菇拌肚丝 + 素炒木樨
- 晚餐：馒头 + 芝麻拌菠菜 + 清蒸鲫鱼
- 加餐：核桃

孕5月
一周营养食谱推荐

胎宝宝寄语：妈妈，我现在相当于1个鸭梨的重量了。

　　我的体形更加匀称，全身皮肤呈现出一种半透明的红色。在妈妈的子宫中，我就像一条自由自在的小鱼，想怎么动就怎么动。隔着羊水我能够听到妈妈的心跳声，以及血液在血管中流淌的声音。不仅如此，我还能够听到外界的声响，爸爸妈妈快来和我说话吧！

孕5月 营养食谱

▶ 少放调味品

🍴 第113天 牛奶炖花生

搭配 ○ 百合炒肉　　○ 清炒时蔬
○ 清蒸茄丝　　○ 橙子

原料: 花生粒80克,枸杞子20克,干银耳15克,牛奶150毫升,冰糖适量。

做法: ①花生粒、枸杞子、银耳洗净,放入温水中浸泡。②锅中放入牛奶,加入枸杞子、花生粒、银耳、少许冰糖,煮至花生粒熟烂,即可。

■ **补妈妈壮宝宝:** 牛奶炖花生具有静心安神、健脑益智的作用。

如果孕妈妈妊娠期血糖较高,可以选择不放冰糖。

🍴 第114天 黑芝麻饭团

搭配 ○ 煎鸡蛋　　○ 拌金针菇
○ 麻酱素什锦　　○ 彩椒鸡丝

原料: 糯米、大米各50克,豆沙100克,黑芝麻适量。

做法: ①将糯米、大米洗净,放入电饭煲中蒸熟。②盛出米饭凉凉,取一小团米饭,包入适量豆沙,捏成饭团状;依次制作其余饭团。③黑芝麻炒熟装盘,饭团上滚一层黑芝麻即可。

■ **补妈妈壮宝宝:** 该饭团营养功效丰富,热量充足,是孕妈妈补充体力的佳品。

黑芝麻含有卵磷脂,利于胎宝宝脑部发育。

孕妈妈每周都要吃两三次富含铁的食物，以满足自身及胎宝宝的需要，同时注意维生素的补充，可以促进人体对钙、铁的吸收。菜肴中要少放盐和刺激性调味品，以免对孕妈妈健康造成影响。

🍴 第115天 银耳花生汤

搭配
- ○ 二米饭
- ○ 香菇炒菜花
- ○ 山药五彩虾仁
- ○ 蒸蛋

孕妈妈如果血糖高可以不加蜜枣、白糖。

原料： 银耳15克，花生50克，红枣30克，蜜枣20克，白糖适量。

做法： ①银耳用温水浸泡，洗净；红枣去核，洗净。②锅中加水煮沸，放入花生、红枣。③花生熟烂时，放入银耳、蜜枣，加少许白糖调味即可。

■ **补妈妈壮宝宝：** 银耳在清热降火、调理脾胃的同时，还能滋补身体。

本月必吃助孕食材：芒果

芒果中含有丰富的 β-胡萝卜素，β-胡萝卜素被人体吸收后，在一定条件下会转化为维生素A，维生素A具有明目的功效，同时也能满足本月胎宝宝眼睛发育的需要。需要注意的是，对芒果过敏的孕妈妈不要吃。

孕期常吃芒果，还能使皮肤水嫩白皙。

本月体重管理

怀孕前就偏胖的孕妈妈一定要在孕期严格控制体重，摒弃"一人吃两人补"的陈旧观念，多摄入含优质蛋白质的蛋、奶和含丰富维生素的蔬菜水果，并注意适度运动，少吃甜食，饮食和睡眠要规律，并且应定期产检，防止妊娠并发症的发生。

第 116 天 鹌鹑蛋烧肉

搭配
○ 米饭 ○ 凉拌芹菜叶
○ 虾仁腰花丁 ○ 牛奶浸白菜

原料: 熟鹌鹑蛋 200 克,猪瘦肉 150 克,姜片、葱花、八角、花椒、香叶、冰糖、料酒、酱油、盐各适量。

做法: ①猪瘦肉洗净,切块,放入加料酒、姜片、水的锅中,氽水,沥干。②油锅烧热,放猪瘦肉块,煎至变色后放入熟鹌鹑蛋,翻炒,加葱花、姜片、八角、花椒、香叶、少许冰糖,炒香。③加水没过食材,加酱油、盐,转小火炖煮收汁,即可。

■ **补妈妈壮宝宝:** 鹌鹑蛋含有比较全面的营养物质,适合孕妈妈食用。

鹌鹑蛋还有护肤、美肤的作用。

 第 117 天 鸡肉扒油菜

搭配
○ 花卷 ○ 羊肝胡萝卜粥
○ 葱香白萝卜 ○ 蔬果汁

原料: 鸡肉 150 克,油菜 200 克,牛奶、淀粉、料酒、葱末、盐各适量。

做法: ①油菜洗净,切成长段;鸡肉洗净,切成条,放入开水中氽烫,捞出。②油锅烧热,放入葱末炒香,然后放鸡肉条、油菜段翻炒。③放入牛奶、料酒、盐,大火烧开,用水淀粉勾芡即可。

■ **补妈妈壮宝宝:** 有利于胎宝宝神经系统的发育。

喜欢面食的孕妈妈还可以将这道菜的分量减少,浇在煮好的面条上,同样美味。

第118天 鱼头豆腐汤

搭配
○ 糙米饭　　　○ 清蒸茄丝
○ 金钩芹菜　　○ 煎鳕鱼

豆腐为补益清热的养生食品，素食可补中益气、清热润燥、清洁肠胃。

原料： 鱼头半个，豆腐200克，枸杞子、姜、盐各适量。

做法： ①姜、豆腐切片；鲢鱼头洗净，与豆腐片分别放入油锅中炸出香味。②将鲢鱼头、豆腐片、枸杞子与姜片一同放入锅内，加适量水。③小火煲30分钟，加盐调味即可。

■ **补妈妈壮宝宝：** 鱼头是鱼中营养价值最高的地方，与豆腐炖汤是一款孕期好食谱。

第119天 西葫芦饼

搭配
○ 小米粥　　　○ 香菜拌黄豆
○ 松仁鸡心　　○ 苹果

换食材不减营养：可以将西葫芦换成葱花或其他青菜，同样美味。

原料： 西葫芦250克，面粉150克，鸡蛋2个，盐适量。

做法： ①鸡蛋打散，加盐调味；西葫芦洗净，切丝。②将西葫芦丝、面粉放入蛋液中，搅拌均匀，如果面糊稀了就加适量面粉，如果稠了就加蛋液。③油锅烧热，倒入面糊，煎至两面金黄。

■ **补妈妈壮宝宝：** 西葫芦含水量高，热量低，特别适合孕中期食用。

🍴 第120天 虾仁娃娃菜

搭配
- ○ 玉米粥
- ○ 拌土豆丝
- ○ 乌鸡滋补汤
- ○ 豆腐炖油菜心

原料：娃娃菜 200 克，虾仁 100 克，高汤、盐、葱丝、姜丝、香油各适量。

做法：①娃娃菜洗净，焯水过凉；虾仁洗净。②锅内倒适量高汤，大火烧开后放入娃娃菜，开锅后加入虾仁，大火滚煮片刻，加入适量盐。③最后撒上葱丝、姜丝，淋上香油。

■ **补妈妈壮宝宝**：预防感冒、消除疲劳、提高免疫力。

娃娃菜帮薄脆嫩，味道甘甜。

🍴 第121天 茄汁鳕鱼

搭配
- ○ 素包子
- ○ 拌黄瓜
- ○ 五色沙拉
- ○ 牙签肉

洋葱中含有的大蒜素，具有杀菌防感冒的作用。

原料：鳕鱼、西红柿各 150 克，洋葱丁、熟豌豆、熟玉米粒各 30 克，橄榄油、水淀粉、料酒、番茄酱、淀粉、盐各适量。

做法：①西红柿洗净，切块；鳕鱼中加料酒、盐、淀粉，拌匀。②锅中倒入适量橄榄油，将鳕鱼煎至两面焦黄，盛入盘中备用。③锅中留油，放入全部蔬菜翻炒后加水煮沸，加水淀粉、番茄酱、盐收汁，浇在鳕鱼上，即可。

■ **补妈妈壮宝宝**：鳕鱼富含 DHA，利于胎宝宝脑部发育。

🍽 第122天 排骨汤面

搭配 ○ 滑嫩玉米羹　　○ 芝麻拌菠菜
○ 牛奶浸白菜　　○ 猕猴桃

添食材增营养：可在汤面中加些油菜，色彩更丰富，营养更均衡。

原料： 猪排骨50克，面条、盐、葱段、姜片、白糖各适量。

做法： ①猪排骨洗净切段。②爆香葱段、姜片，放猪排骨、盐，炒至排骨变色，加适量水，大火烧沸。③中火煨至排骨熟透，放入少许白糖。④锅中放入面条煮熟即可。

■ **补妈妈壮宝宝：** 营养均衡，增强孕妈妈的免疫力。

🍽 第123天 香煎土豆

搭配 ○ 葱花饼　　　　○ 银耳鹌鹑蛋
○ 鲫鱼汤　　　　○ 五色沙拉

土豆也可以作为主食食用。

原料： 土豆300克，黄油20克，芝麻、黑胡椒粉、盐各适量。

做法： ①土豆洗净，放入清水锅中，大火煮熟，煮熟后取出，剥去外皮，切成小块，待用。②锅洗净，烧干水分，放入黄油融化；放入土豆块，用中小火煎，直至表面金黄，盛出；趁热放入黑胡椒粉、芝麻与盐，即可。

■ **补妈妈壮宝宝：** 黄油中富含维生素A，能够起到保护视力的作用；土豆中富含碳水化合物，可为孕妈妈提供能量。

第 124 天 宫保素三丁

搭配
○ 紫米馒头　　　○ 肉末酿尖椒
○ 凉拌菠菜　　　○ 樱桃

此菜清新爽口，孕妈妈比较喜爱。

原料: 土豆 200 克, 甜椒、黄瓜各 100 克, 花生 50 克, 葱末、白糖、盐、香油、水淀粉各适量。

做法: ①将甜椒、黄瓜、土豆洗净, 切丁; 花生、土豆丁分别炒熟。②煸香葱末, 放入甜椒丁、黄瓜丁、土豆丁、花生, 大火快炒, 加少许白糖、盐调味, 用水淀粉勾芡, 最后淋香油。

■ **补妈妈壮宝宝:** 此菜含多种维生素、膳食纤维, 搭配肉菜同吃更营养。

 第 125~126 天 鸡蛋酱打卤面

搭配
○ 清炒蚕豆　　　○ 五花肉焖扁豆
○ 六合菜　　　　○ 苹果

可将鸡蛋换成瘦肉丁, 也可添加一些新鲜蔬菜作为配菜, 营养更丰富。

原料: 面条 200 克, 鸡蛋 2 个, 葱花、姜末、蒜末、黄豆酱、盐各适量。

做法: ①鸡蛋磕入碗中, 搅成蛋液, 待用。②油锅烧热, 倒入蛋液, 待凝固后放入葱花、蒜末、姜末、少许盐, 略翻炒, 之后放入黄豆酱炒匀, 盛出备用。③锅中注水烧开, 放面条煮熟捞出, 浇上鸡蛋酱, 即可。

■ **补妈妈壮宝宝:** 此面咸香可口且营养丰富。

🍴 第127天 奶汁白菜

搭配
○ 花卷　　　　　○ 丝瓜虾仁
○ 冬笋拌豆芽　　○ 陈皮海带粥

原料: 白菜 300 克,牛奶 120 毫升,盐、高汤、水淀粉各适量。

做法: ①白菜切丝;将牛奶倒入水淀粉中搅匀。②锅中加高汤,倒入白菜,烧至七八成熟。③放入盐,倒入调好的牛奶汁,再烧开即可。

■ **补妈妈壮宝宝:** 此菜富含钙、蛋白质等,促进机体新陈代谢。

牛奶还有促进睡眠的作用。

🍴 第128天 虾泥馄饨

搭配
○ 凉拌海带丝　　○ 红烧排骨
○ 香菇炒菜花　　○ 蔬果汁

原料: 馄饨皮 15 个,虾仁、香菇各 50 克,鸡蛋 1 个,盐、香油、葱末、姜末、虾皮各适量。

做法: ①香菇和虾仁洗净后剁碎;鸡蛋打成蛋液。②油锅烧热,放葱末、姜末,下入香菇碎煸炒至八成熟,备用;蛋液入锅炒散。③把上述材料混合,加盐和香油调成馅儿;包成馄饨,煮熟,撒上虾皮、葱末。

■ **补妈妈壮宝宝:** 镇定安神,缓解抑郁情绪。

虾仁做成泥后更易消化。

🍽 第 129 天 盐水鸭腿

搭配
- ○ 豆腐馅饼
- ○ 照烧三文鱼
- ○ 香菇油菜
- ○ 苹果

鸭腿有滋补、养胃、补肾、消水肿等作用。

原料: 鸭腿 500 克,葱段、姜块、花椒粒、盐各适量。

做法: ①鸭腿洗净,沥干;用小火炒香盐和花椒粒,抹在鸭腿上;放入冰箱冷藏 48 小时。②将鸭腿、葱段、姜块放入锅中,加水煮沸,撇去浮沫;盖锅盖关火,放焖烧锅中,闷煮 2 小时取出,凉凉,斩块即可。

■ **补妈妈壮宝宝:** 鸭腿肉质细嫩,不会辜负孕妈妈的期待。

🍽 第 130 天 芦笋口蘑汤

搭配
- ○ 无花果粥
- ○ 鲤鱼冬瓜汤
- ○ 三明治
- ○ 芝麻茼蒿

口蘑中含有硒,且人体对其吸收效果也比较好。

原料: 芦笋 200 克,口蘑 100 克,红椒丝 50 克,葱花、盐、香油各适量。

做法: ①芦笋洗净,切段;口蘑洗净,切片。②锅中倒油烧热,下葱花煸香,放芦笋、口蘑略炒,加适量水煮 5 分钟,再放入盐调味。③最后放红椒,淋上香油。

■ **补妈妈壮宝宝:** 芦笋中富含硒、镁等营养素,是孕妈妈增强体质的常选食物。

🍴 第131天 红烧带鱼

搭配

○ 包子　　　　○ 拌黄瓜
○ 五色沙拉　　○ 牙签肉

换食材不减营养：带鱼可换成鸡翅、排骨等。

原料：带鱼1条，姜片、蒜片、醋、酱油、料酒、盐、淀粉、白糖各适量。

做法：①带鱼洗净，去头尾剪段，两面拍淀粉炸至金黄。②锅内留底油，放姜片、蒜片煸香，放带鱼，从锅边倒入醋。③加酱油、料酒、少许白糖和2杯水，大火烧开，收汁后加盐。

■ **补妈妈壮宝宝：**对胎宝宝四肢及大脑发育有益。

🍴 第132天 青椒炒鸭血

搭配

○ 西葫芦饼　　○ 豆腐皮粥
○ 豌豆炒三丁　○ 苹果

鸭血虽然营养价值高，但不宜过多食用，每周吃1~2次即可。

原料：鸭血200克，青椒60克，蒜片、料酒、盐各适量。

做法：①青椒洗净，去子，切片，备用。②鸭血洗净，切块，在开水中氽一下，去腥，待用。③油锅烧热，倒入蒜片与青椒片，翻炒几下倒入鸭血，继续翻炒2分钟。④放入适量料酒、盐，翻炒均匀，即可。

■ **补妈妈壮宝宝：**鸭血中含铁量高，营养丰富，有补血、护肝、清除体内毒素、滋补养颜的功效。

🍴 第 133 天 胭脂冬瓜球

搭配
○ 米饭　　　　○ 西芹腰果
○ 百合汤　　　○ 红枣炖鲤鱼

原料: 冬瓜 300 克,紫甘蓝片 150 克,白醋、白糖各适量。

做法: ①紫甘蓝片放榨汁机中,加水榨汁;过滤后,放锅中煮几分钟,放入碗中,倒白醋。②冬瓜洗净,用挖球器挖出冬瓜球,放入开水中焯 3 分钟。③放紫甘蓝汁中浸泡后,放冰箱冷藏半小时以上,吃的时候加少许白糖即可。

■ **补妈妈壮宝宝:** 不仅能补充维生素,还能消除水肿。

冬瓜性寒凉,脾胃虚寒的孕妈妈尽量少食。

🍴 第 134 天 肉末豆腐羹

搭配
○ 鲜虾卷　　　○ 鲜蔬小炒肉
○ 拌金针菇　　○ 核桃

黄花菜有清热、利湿、消食、明目的功效。

原料: 豆腐 100 克,肉末 50 克,水发黄花菜 15 克,酱油、盐、淀粉、葱末、高汤各适量。

做法: ①豆腐切丁;黄花菜洗净,切段。②高汤倒入锅中,加入肉末、黄花菜、豆腐、酱油、盐,煮至豆腐中间起蜂窝、浮于汤面时,以淀粉勾芡,撒上葱末即可。

■ **补妈妈壮宝宝:** 此菜是孕妈妈和胎宝宝获取优质蛋白质、B 族维生素与磷脂的良好来源。

第135天 红烧牛肉面

搭配
○ 冬笋拌豆芽　　○ 丝瓜虾仁
○ 鸡肉扒油菜　　○ 牛奶

添食材增营养：可加些青菜，让营养更全面。

原料： 牛肉50克，面条100克，葱花、葱段、酱油、盐各适量。

做法： ①葱段、酱油、盐放入沸水中，大火煮4分钟，制成汤汁。②牛肉放入汤汁中煮熟，取出凉凉切块。③面条放汤汁中，大火煮熟，盛碗中，放牛肉块，撒上葱花。

■**补妈妈壮宝宝：** 牛肉中的铁含量尤其丰富，能有效预防缺铁性贫血。

第136天 骨汤奶白菜

搭配
○ 米饭　　　　○ 芝麻圆白菜
○ 蒜蓉茄子　　○ 芹菜杨桃汁

猪里脊肉肉质比较嫩，口感好且易于消化。

原料： 奶白菜200克，猪里脊肉100克，香菜1棵，骨头汤、盐、香油、水淀粉各适量。

做法： ①猪里脊肉洗净，切丝；香菜切段；奶白菜洗净，对半切开，焯水。②锅中倒入骨头汤烧开，再放肉丝打散，加盐、水淀粉，再放香菜，淋香油。③将做好的汤浇在奶白菜上。

■**补妈妈壮宝宝：** 这道菜口感清淡香甜，且营养丰富，非常适合孕妈妈食用。

第 137 天 小鸡炖香菇

搭配
- ○ 花卷
- ○ 豌豆炒三丁
- ○ 拌黄瓜
- ○ 玉米青豆羹

原料： 童子鸡 300 克，香菇 60 克，葱段、姜片、酱油、料酒、盐各适量。

做法： ①童子鸡收拾干净，斩成小块；香菇洗净，划十字花刀，备用。②油锅烧热，放入鸡块翻炒至鸡肉变色，放入姜片、葱段、酱油、料酒、盐，加入适量水，待水煮沸后，放入香菇，中火煮至食材熟烂，即可。

■ **补妈妈壮宝宝：** 此菜富含蛋白质、钙，可增强孕妈妈免疫力。

童子鸡口感鲜嫩、爽滑，孕妈妈可能比较喜欢。

 第 138 天 蒜蓉茄子

搭配
- ○ 家常饼
- ○ 红烧鳝鱼
- ○ 百合汤
- ○ 平菇炒鸡蛋

茄子是一道很吸油的菜，想要少油的话，也可试试烤茄子或蒸茄子。

原料： 茄子 400 克，香菜末 15 克，蒜蓉、酱油、香油、白糖、盐各适量。

做法： ①茄子放入盐水中浸泡 5 分钟，捞出，切成条，放入热油中煎软。②放酱油、少许白糖、盐和蒜蓉翻炒。③烧至入味后，淋上香油，撒上香菜末即可。

■ **补妈妈壮宝宝：** 蒜蓉茄子是家常美食，能够提高孕妈妈的身体免疫力。

第139天 鸡肉炒藕丁

搭配 ○ 米饭　　　○ 西红柿烧茄子
　　 ○ 拌黄瓜　　○ 玉米

鸡肉冷食、凉拌也比较合适。

原料: 鸡肉 100 克,莲藕 200 克,红甜椒、黄甜椒、青椒各 25 克,盐适量。

做法: ①鸡肉洗净,切丁;三种椒均洗净,切丁。②莲藕洗净,去皮,切丁。③油锅烧热,放入三种椒丁,炒出香味后放入鸡肉丁和藕丁,炒熟后加盐调味,即可。

■ **补妈妈壮宝宝:** 此菜富含蛋白质、铁等营养素,可预防孕妈妈缺铁性贫血。

第140天 红薯大米粥

搭配 ○ 烧饼　　　○ 核桃仁莲藕汤
　　 ○ 五色沙拉　○ 牙签肉

红薯富含膳食纤维,可预防便秘。

原料: 大米 30 克,红薯 100 克。

做法: ①将大米淘洗干净,用水浸泡 30 分钟;红薯洗净,去皮,切块。②锅内放入水和所有食材,置于火上,先用大火煮开后,再改用小火煮到粥浓稠即可。

■ **补妈妈壮宝宝:** 大米与红薯同煮,有润肠通便的作用。

孕6月

补铁，预防缺铁性贫血

　　孕妈妈和胎宝宝的营养需要一直在增加，到了孕6月的时候，应该注重铁元素的摄入。铁是重要的矿物质，孕妈妈需要充足的铁，预防缺铁性贫血。孕妈妈需要摄入足量的铁贮存在组织中，胎宝宝就从这个"仓库"中吸取铁，以满足生长发育的需要。

孕6月 宜不宜速查

进入孕6月，孕妈妈肚子变得越来越大，胎宝宝需要的营养也变得越来越多，因此，孕妈妈需要补充的营养也变多，尤其是要摄入一定量的铁来预防缺铁性贫血的发生。

宜

- 孕妈妈在加餐时可以多吃一些全麦面包、麦麸饼干等点心，可以补充膳食纤维，防治便秘和痔疮。

- 孕妈妈可以用红薯、南瓜、芋头等代替部分米、面作为主食，在提供能量的同时，能补充更多的矿物质。

- 推荐孕妈妈选择左侧卧位睡觉，以供给胎宝宝较多的血液，这样胎宝宝舒服，孕妈妈也舒服。

- 这个月是胎宝宝长肉的时期，孕妈妈可以在不疲劳的前提下多走动，有助于胎宝宝肌肉变得坚实有力。

- 孕妈妈的阴道分泌物因怀孕而增加，容易引发阴道炎，需经常洗浴及更换内衣。

不宜

- 补充膳食纤维可以预防便秘，但过多的膳食纤维会降低钙和铁的吸收，所以孕妈妈补充膳食纤维要适度。

- 孕期水肿是常见的症状，孕期少吃过咸的食物，以防水肿加重。

- 大料、茴香、花椒、胡椒等热性香料具有刺激性，会消耗肠道水分，使肠胃腺体分泌减少，加重孕期便秘。

- 孕妈妈每天食用坚果不宜超过50克，坚果油性较大，而孕妈妈消化功能相对减弱，过量食用坚果很容易引起消化不良。

- 孕妈妈上午可以多喝水，傍晚则要少喝一些，减少夜醒次数，保持长时间的睡眠。

- 孕妈妈要避免留长指甲，指甲隐藏着大量细菌，不慎抓破皮肤，容易引起感染。

关注体重变化

到了孕6月，胎宝宝会长到27厘米左右，体重约500克，差不多有两个苹果那么沉。孕妈妈肚子越来越大，是一个标准的孕妇了。此阶段，孕妈妈体重增长还不是太多，行动起来还很轻松。如果发现体重增长过快，应注意调整饮食，控制体重过快增长，本月每周体重增长不宜超过350克。

孕6月 饮食营养全知道

这个月，孕妈妈可以继续保持前几个月的饮食习惯，放松心情，注意营养均衡，同时，饮食应以清淡为主，不要偏食，因为偏食任何食物都会导致营养摄入不均衡，从而影响胎宝宝的发育。

保持饮食多样化

孕妈妈的饮食要多样化，可以多吃海带、芝麻、豆腐等含钙丰富的食物，避免出现腿抽筋的情况。另外，每天喝一杯牛奶也是必不可少的。

蔬菜和水果中所含的维生素可帮助牙龈恢复健康，防止牙龈出血，清除口腔中过多的黏膜分泌物及废物，因此要多吃蔬菜水果，如橘子、梨、黄瓜、白菜等。

可喝孕妇奶粉补充营养

孕妇奶粉是在牛奶的基础上，进一步添加孕期所需要的营养素制成的。这些营养素包括叶酸、铁、钙、DHA 等，可以满足孕妈妈的营养需要。有的孕妈妈不喜欢喝牛奶，体重增长缓慢，可以通过每天喝一两杯孕妇奶粉来补充营养。

喝孕妇奶粉需注意

孕妈妈不能既喝孕妇奶粉，又喝普通牛奶、酸奶，或者吃大量奶酪等奶制品，这样会增加肾脏负担，也影响其他食物的摄入。

如果血色素(血红蛋白)偏低，配方奶粉里添加的铁剂能够有效预防贫血。

有些孕妈妈怕长得太胖，不敢喝奶粉，其实只要按量饮用，就不必担心体重问题。另外，挑选的时候要看厂家、挑口味、看保质期，最好选择大厂家的品牌孕妇配方奶粉。

妊娠斑出现了，多吃西红柿

妊娠斑一般出现于怀孕 4 个月以后，多分布于鼻梁和两颊，是一种黄褐色的蝴蝶斑，是脑垂体分泌的促黑激素造成的。不过无须担心，西红柿就是一种能够淡化妊娠斑的好食物，它富含番茄红素和维生素 C，有助于祛斑养颜。

工作餐尽量按时吃

由于职业的缘故，有些孕妈妈无法保证正常上下班或按时吃工作餐，生活很不规律。即使工作不定时，工作餐也应按时吃，不要贪图方便，吃泡面等一些没有营养的食物。规律的饮食对孕妈妈以及胎宝宝的成长是非常必要的。

不要贪吃冷食

孕妈妈在孕期肠胃对冷热的刺激非常敏感，贪吃冷食容易引起嗓子痛哑、咳嗽、头痛、食欲不振、消化不良、腹泻，甚至引起胃部痉挛。胎宝宝在子宫内也会躁动不安，导致胎动频繁，因此，孕妈妈吃冷食一定要有节制。

多吃鱼肝油无益

鱼肝油可以强壮骨骼，并防治佝偻病，对胎宝宝的骨骼发育有很多好处。但孕妈妈切勿滥用鱼肝油，要严格按照

孕妈妈晚餐不可大量进食油炸、肥肉等油腻食物。

说明书服用。国外研究表明，滥用鱼肝油的孕妈妈产下畸形儿的概率反而高。

孕妈妈体内的维生素D含量过多，会引起胎宝宝主动脉硬化，对其智力发育造成不良影响，还会导致肾损伤及骨骼发育异常，使胎宝宝出现牙滤泡移位，出生不久就有可能萌出牙齿，导致婴儿早熟。孕妈妈不宜过量服用鱼肝油，而应经常到户外晒晒太阳，在紫外线的照射下，自身制造的维生素D就可以保证胎宝宝的正常发育，健康又自然。

过量服用维生素A，会使孕妈妈出现食欲减退、皮肤发痒、头痛、精神烦躁等症状，不利于胎宝宝的生长发育。

晚餐"三不宜"

不宜过迟：如果晚餐后不久就上床睡觉，不但会加重胃肠的负担，还会导致难以入睡。

不宜进食过多：晚餐暴食很容易导致消化不良及胃疼等现象。

不宜厚味：晚餐进食大量蛋、肉、鱼等，在饭后活动量减少及血液循环放慢的情况下，胰岛素能将血脂转化为脂肪，积存在皮下或血管壁上，容易导致心血管系统疾病。

周一

一日餐单

- 早餐：虾肉粥 + 鸡蛋
- 午餐：米饭 + 土豆炖牛肉 + 五色沙拉
- 晚餐：糙米绿豆饭 + 香煎秋刀鱼
- 加餐：核桃牛奶 + 草莓

土豆炖牛肉
提升免疫力

周二

一日餐单

- 早餐：牛奶 + 鸡蛋 + 全麦面包
- 午餐：家常饼 + 干煸菜花 + 鳗鱼丝瓜汤
- 晚餐：米饭 + 醋熘白菜 + 里脊肉炒芦笋
- 加餐：山药牛奶汁

樱桃
健脾胃、祛风湿

周日

一日餐单

- 早餐：牛奶 + 全麦面包 + 煎蛋
- 午餐：面条 + 牙签肉 + 蒜蓉油麦菜
- 晚餐：杂蔬香肠饭 + 莴苣肉片 + 鲫鱼汤
- 加餐：黑豆饼 + 樱桃

周六

一日餐单

- 早餐：鸡蛋羹 + 全麦面包
- 午餐：米饭 + 金钩芹菜 + 虾肉瓜汤
- 晚餐：风味卷饼 + 六合菜 + 鸡肉枸杞子汤
- 加餐：酸奶布丁

里脊肉炒芦笋
富含蛋白质

周三

一日餐单

- 早餐：豆腐皮粥 + 鸡蛋
- 午餐：米饭 + 油烹茄条
  + 玉米排骨汤
- 晚餐：银耳羹 + 凉拌苦瓜
  + 什锦炒饭
- 加餐：酸奶 + 麦麸饼干

周四

一日餐单

- 早餐：牛奶 + 面包片 + 鸡蛋
- 午餐：蛋炒饭 + 大丰收 + 芥
  菜干贝汤
- 晚餐：绿豆饼 + 什锦西蓝花
  + 清蒸大虾
- 加餐：橙子 + 花生

小米蒸排骨
富含
B 族维生素

周五

一日餐单

- 早餐：牛奶 + 面包片 + 鸡蛋
- 午餐：小米蒸排骨 + 麻酱素什锦
- 晚餐：米饭 + 豌豆炒三丁 + 葱香白萝卜
- 加餐：南瓜米糊

孕 6 月

一周营养食谱推荐

胎宝宝寄语：妈妈，我现在的本领有很多。

　　咳嗽、打嗝、皱眉、眯眼，还会吸吮自己的手指。我更加活泼爱动了，有时会不小心踢到妈妈的肚子，有时是重重一击，有时是轻轻触动，妈妈你能感觉到吗？我也有了自己的小脾气呢，不高兴时会躁动不安，妈妈一定要懂得我的小情绪呀！

孕6月 营养食谱

▶ 多吃绿叶蔬菜

🍴 第141天 红枣莲子糯米粥

 搭配
○ 包子　　　　○ 黑豆饮
○ 西芹腰果　　○ 丝瓜虾仁

原料: 糯米100克,红枣50克,莲子10克。

做法: ①将糯米洗净,用水浸泡1小时。②红枣洗净;莲子要用温水洗净,去掉莲心备用。③将泡过的糯米连同清水一起放入锅内,再放入红枣和莲子,先以大火煮沸,再转入小火煮成稍微黏稠的粥即可。

■ **补妈妈壮宝宝:** 改善孕妈妈腰部酸痛,安胎养胎。

添食材增营养:可添加些枸杞子养肝明目。

🍴 第142天 海带黄豆猪蹄汤

搭配
○ 米饭　　　　○ 冬笋拌豆芽
○ 芝麻圆白菜　○ 香蕉

原料: 猪蹄块300克,水发黄豆50克,海带片40克,姜片20克,料酒、白醋、胡椒粉、盐各适量。

做法: ①砂锅注水,放入姜片、黄豆、猪蹄块,煮沸。②放入海带片,淋入料酒、白醋,大火煮沸。③改小火煮1小时,至食材全部熟透,加盐,撒胡椒粉搅拌,煮至汤汁入味,即可。

■ **补妈妈壮宝宝:** 此汤补碘、补钙的效果不错,适合孕妈妈与胎宝宝。

黄豆提前一晚泡发,煮时可以节省一些时间,也更好消化。

孕妈妈常常会受到便秘的困扰，绿叶蔬菜是便秘的"天敌"，而且还是机体所需的维生素及膳食纤维的主要来源。这些营养素在新鲜的绿叶蔬菜中含量较为丰富，如维生素 C 含量很高。此外钙、铁对于孕妈妈来说是比较重要的矿物质元素，这两种元素在蔬菜中含量也较高。

🍴 第 143 天 白灼金针菇

搭配
○ 陈皮海带粥　　○ 豌豆炒三丁
○ 百合炒牛肉　　○ 苹果

换食材不减营养：可将金针菇换成菜心、秋葵。

原料： 金针菇 1 把，生抽、白糖、香油、葱花各适量。

做法： ①金针菇切去根部洗净；烧开水放入金针菇焯烫 1 分钟，捞出沥干，放入容器中，撒上葱花。②生抽加少许白糖拌匀，浇在金针菇上；另取一锅倒香油烧热后，浇在葱花上即可。

■ **补妈妈壮宝宝：** 金针菇含有丰富的蛋白质，可促进胎宝宝智力发育。

本月必吃助孕食材：芹菜

芹菜中含有丰富的膳食纤维、维生素、钙等多种营养素。另外，芹菜中含有的芹菜素，还具有扩张血管，平稳降压的作用，孕妈妈可适当吃一些。

芹菜中的一种碱性成分，具有镇静、安神和除烦的功效。

不宜过量食用薏米

薏米的营养价值很高，对于久病体虚、病后恢复期患者、老人、儿童、孕妈妈来说都是比较好的药用食物。但是薏米性寒，孕妈妈过量食用容易对胎宝宝的生长发育产生不良影响，所以孕妈妈适量吃即可，不宜多吃。

薏米有一定的寒性，食用过量会导致脾胃功能下降。

第144天 奶汁烩生菜

搭配
○ 米饭　　　　○ 芝麻茼蒿
○ 鸭血豆腐汤　○ 蔬果汁

原料： 生菜200克，西蓝花100克，鲜牛奶125毫升，淀粉、盐、高汤各适量。

做法： ①生菜、西蓝花洗净，切块。②热锅烧油，油热后倒入切好的菜翻炒，加盐、高汤调味，盛盘，西蓝花摆在中间。③煮鲜牛奶，加一些高汤、淀粉，熬成浓汁，浇在菜上即可。

■ **补妈妈壮宝宝：** 奶汁烩生菜可有效减少菜肴的营养流失。

生菜热量低，还有改善睡眠、增强免疫的功效。

 第145天 煎鳕鱼

搭配
○ 烙饼　　　　○ 丝瓜金针菇
○ 时蔬沙拉　　○ 彩椒鸡丝

鳕鱼肉质细嫩，厚实刺少。

原料： 鳕鱼块150克，柠檬、鸡蛋各1个，淀粉、盐各适量。

做法： ①柠檬洗净，一半切片，一半取汁备用；鳕鱼块加盐腌制，放入少许柠檬汁。②取蛋清与淀粉拌匀。③鳕鱼块裹上蛋清糊，煎至金黄，装盘时加柠檬片点缀。

■ **补妈妈壮宝宝：** 煎鳕鱼中富含DHA，有利于胎宝宝大脑发育。

第146天 清蒸大虾

搭配
- ○ 红豆饭
- ○ 抓炒鱼片
- ○ 醋熘白菜
- ○ 苹果

大虾含有优质蛋白质，营养丰富，还能补肾健胃。

原料: 大虾200克，葱、姜、醋、酱油、香油各适量。

做法: ①大虾洗净，除去脚、须，摘除虾线。②葱切丝；姜一半切片，一半切末。③将大虾摆在盘子上，加葱丝、姜片，蒸10分钟左右。④将姜末、醋、酱油、香油搅拌均匀作调味料，蘸食。

■ **补妈妈壮宝宝:** 不仅味道好，而且能提供充足热量。

第147天 花生排骨粥

搭配
- ○ 二米饭
- ○ 丝瓜金针菇
- ○ 鸭血豆腐汤
- ○ 橙子

不喜欢香菜的孕妈妈可以不加香菜。

原料: 大米50克，排骨200克，花生20克，盐、香油、香菜末各适量。

做法: ①大米泡2小时；排骨斩块，焯水沥干。②汤锅内加足量水，放大米、排骨块、花生，大火烧开后改小火煮1小时，不断搅动。③煮至米烂成粥，排骨酥软，加入盐，搅拌均匀。④食用时淋上香油，撒上香菜末即可。

■ **补妈妈壮宝宝:** 提供充足的能量，促进蛋白质吸收。

🍴 第 148 天 莴笋炒鸡蛋

搭配 ○ 米饭   ○ 彩椒炒玉米粒
         ○ 乌鸡滋补汤   ○ 草莓

原料: 莴笋 200 克, 鸡蛋 2 个, 葱花、盐各适量。

做法: ①鸡蛋磕入碗中, 搅成蛋液, 备用。②莴笋洗净, 去皮, 切成片(建议用盐腌制 3 分钟左右, 吃起来较脆)。③油锅烧热, 倒入蛋液炒熟, 搅散后盛出, 待用。④锅中热油, 爆香葱花, 放入莴笋片翻炒片刻, 倒入炒好的鸡蛋碎, 炒至食材全熟, 加盐调味, 即可。

■ **补妈妈壮宝宝:** 莴笋富含膳食纤维, 可促进孕妈妈肠道蠕动, 预防便秘。

在挑选鸡蛋时, 不必刻意选特定颜色的蛋壳, 不同颜色鸡蛋营养价值相差不大。

🍴 第 149 天 西红柿柚子汁

搭配 ○ 三鲜包子   ○ 凉拌芹菜叶
         ○ 炒青菜   ○ 照烧三文鱼

原料: 西红柿 100 克, 柚子 50 克, 蜂蜜、薄荷叶适量。

做法: ①西红柿洗净, 在表面切一个小口, 用开水烫一下, 剥去表皮, 切成小块。②柚子去皮, 剥去白色薄膜, 去子, 掰成小块。③将西红柿块和柚子块放入榨汁机, 加适量水, 榨汁后点缀薄荷叶, 调入少许蜂蜜即可。

■ **补妈妈壮宝宝:** 预防感冒、提高抵抗力。

柚子酸甜适度, 可提升孕妈妈食欲。

第 150 天 土豆炖牛肉

搭配
○ 糙米饭　　　　○ 虾仁豆腐
○ 牛奶洋葱汤　　○ 生菜沙拉

牛肉可以提高免疫力、预防贫血以及加速新陈代谢。

原料： 牛肉 200 克，土豆块 100 克，酱油、料酒、葱、姜、盐各适量。

做法： ①将牛肉洗净，切成小块；葱切段；姜切片。②油锅烧热，放入葱段、姜片、牛肉块炒香，加盐、酱油略炒。③加水，与牛肉块相平，大火烧熟，撇去浮沫，转小火焖煮。④焖至快熟时，加土豆块、料酒，焖至牛肉块软烂。

■ **补妈妈壮宝宝：** 土豆炖牛肉可以为孕妈妈提供热量。

第 151 天 菠菜炒鸡蛋

搭配
○ 素包子　　　　○ 佛手瓜炒鸡丝
○ 清蒸大虾　　　○ 小米蒸排骨

菠菜焯水可去除涩味、草酸，减少炒制时出水。

原料： 菠菜 300 克，鸡蛋 2 个，葱丝、盐各适量。

做法： ①菠菜洗净，切段，用沸水焯烫；鸡蛋打散。②油锅烧至八成热，倒入蛋液炒熟盛盘。③另起油锅，下葱丝炝锅，然后倒入菠菜，加盐翻炒，倒入炒好的鸡蛋，翻炒均匀。

■ **补妈妈壮宝宝：** 菠菜含膳食纤维和矿物质，对孕妈妈和胎宝宝都有益。

🍴 第152天 韭菜炒绿豆芽

搭配 ○ 米饭　　　　○ 香椿芽拌豆腐
○ 里脊肉炒芦笋　○ 蒜蓉茄子

韭菜富含膳食纤维，可促进肠道蠕动。

原料： 韭菜 50 克，绿豆芽 30 克，葱花、姜末、盐各适量。

做法： ①绿豆芽洗净，沥水；韭菜择洗干净，切段。②油锅烧热，放入葱花、姜末爆香，再放入绿豆芽煸炒，下入韭菜段，翻炒均匀，加盐调味即成。

■ **补妈妈壮宝宝：** 此菜可以补充胎宝宝所需的多种维生素，还可提升孕妈妈的食欲。

🍴 第153~154天 小米蒸排骨

搭配 ○ 花卷　　　　○ 大丰收
○ 家常焖鳜鱼　○ 蛋花汤

小米蒸排骨是江苏一带的传统美食，属于苏菜系。

原料： 排骨 300 克，小米 100 克，料酒、冰糖、甜面酱、豆瓣酱、葱末、姜末、盐各适量。

做法： ①排骨洗净，斩段；豆瓣酱剁细。②排骨段加豆瓣酱、甜面酱、少许冰糖、料酒、盐、姜末、油拌匀。③排骨段装入蒸碗内，放浸泡好的小米，大火蒸熟。④取出蒸碗，扣入圆盘内，撒上葱末。

■ **补妈妈壮宝宝：** 小米蒸排骨让孕妈妈轻松拥有好气色。

第 155 天 红豆花生乳鸽汤

搭配
- ○ 素包子
- ○ 红烧鲤鱼
- ○ 清炒油麦菜
- ○ 芝麻茼蒿

换食材不减营养：可将红豆换成黑豆、黄豆，营养同样丰富。

原料： 乳鸽 1 只，红豆、花生、桂圆肉各 30 克，盐适量。

做法： ①乳鸽收拾干净，斩块，在沸水中余烫一下，去血水，捞出，备用。②砂锅中注入清水，烧开后放入乳鸽块、红豆、花生、桂圆肉，大火煮沸，转小火煲至食材熟烂，加盐调味，即可。

■ **补妈妈壮宝宝：** 此汤具有除湿热、利小便的作用，且乳鸽口感较嫩。

第 156 天 芝麻肝

搭配
- ○ 凉拌藕片
- ○ 清炒蚕豆
- ○ 煎鳕鱼
- ○ 香菇油菜

猪肝虽好，但是猪肝中胆固醇含量较高，食用要有节制。

原料： 猪肝 50 克，鸡蛋 1 个，芝麻 15 克，面粉、盐各适量。

做法： ①碗中磕入鸡蛋，搅打成蛋液；猪肝洗净，切薄片，用盐腌好，裹上面粉，蘸上蛋液和芝麻。②油锅烧热，放入猪肝，煎熟出锅，即可。

■ **补妈妈壮宝宝：** 猪肝与芝麻一同食用，能够让孕妈妈获得更好的补铁效果。

第 157 天 柠香小黄鱼

搭配
○ 馒头　　　○ 鸡蛋
○ 干煸菜花　○ 家常豆腐

小黄鱼刺虽然不太多,但孕妈妈吃时也要注意一下。

原料: 小黄鱼 3 条,柠檬 2 片,葱末、姜末、蒜末、料酒、醋、白糖、酱油、盐、红椒丝各适量。

做法: ①小黄鱼去鳞、鳃、内脏,洗净,待用。②油锅烧热,放入葱、姜、蒜末炒香,放入小黄鱼略煎,再加入柠檬片、少许白糖、料酒、醋、酱油、盐及适量水。③用小火炖 15 分钟至入味、熟烂,点缀红椒丝,即可。

■ **补妈妈壮宝宝:** 小黄鱼富含蛋白质,能够提升孕妈妈自身免疫力。

 第 158 天 鸡丝粥

搭配
○ 牛肉饼　　○ 鸡蓉干贝
○ 凉拌藕片　○ 蒜蓉油麦菜

添食材增营养:可添加芫荽菜、菠菜等新鲜蔬菜。

原料: 鸡肉 80 克,大米 150 克,新鲜玉米粒 50 克,盐适量。

做法: ①大米、玉米粒洗净;鸡肉煮熟后,捞出,撕成丝。②大米、玉米粒放入锅中,加适量清水,煮至快熟时加入鸡丝,煮熟后加盐调味即可。

■ **补妈妈壮宝宝:** 此粥中富含蛋白质、碳水化合物,是孕妈妈滋补身体的好粥品。

🍴 第 159 天 松仁海带

 ○ 鲜奶粥　　　○ 豆包
○ 拌黄瓜　　　○ 苹果

添食材增营养：可以加些瘦肉块，营养更丰富。

原料：松仁 40 克，水发海带丝 100 克，高汤、盐各适量。

做法：①松仁洗净，海带丝洗净。②锅中放入松仁、海带丝、高汤，用小火炖熟，加盐调味，即可。

■ **补妈妈壮宝宝：**海带是补碘好食材；松仁是补充 DHA 的好食材。

🍴 第 160 天 猪腰枸杞子汤

○ 家常饼　　　○ 菠菜炒鸡蛋
○ 小米蒸排骨　○ 橙子

新鲜猪腰柔润光泽，有弹性，呈浅红色。

原料：猪腰 200 克，枸杞子 25 克，盐适量。

做法：①猪腰、枸杞子分别洗净，猪腰切花刀。②锅中倒水，将猪腰、枸杞子一同放入锅内。③煮约 2 小时，加盐调味即可。

■ **补妈妈壮宝宝：**这道汤有补肾气、消积滞的营养功效。

🍴 第161天 鸡蓉干贝

 搭配
○ 风味卷饼　　　○ 丝瓜虾仁
○ 炒青菜　　　　○ 拌土豆丝

鸡蛋中富含孕妈妈所需的蛋白质。

原料: 鸡蓉 100 克,干贝碎末 80 克,鸡蛋 2 个,香油、高汤、盐各适量。

做法: ①鸡蓉放入碗内,兑入高汤,打入鸡蛋,用筷子快速搅匀,加入干贝碎末、盐拌匀。②将拌好的食材下入热油锅,翻炒,待鸡蛋凝结成形时,淋入香油即可。

■ **补妈妈壮宝宝:** 干贝富含钾、磷、蛋白质,孕妈妈常吃有滋阴补肾、和胃调中的功效。

🍴 第162天 咖喱炒饭

搭配
○ 青菜沙拉　　　○ 鹌鹑蛋
○ 香菇炖鸡　　　○ 苹果

添食材增营养:可以添加些牛肉块,让营养更丰富。

原料: 洋葱丁、青椒丁各 20 克,西红柿丁 100 克,芦笋片 30 克,素火腿丁 15 克,鸡蛋 1 个,米饭 100 克,碎芹菜、盐、咖喱粉各适量。

做法: ①鸡蛋打散,炒熟后拌碎,盛出。②洋葱丁爆香,加西红柿丁、青椒丁、芦笋片和素火腿丁炒香,加咖喱粉。③放米饭及鸡蛋炒匀后放盐,撒上碎芹菜。

■ **补妈妈壮宝宝:** 咖喱相当开胃,但一定注意适量摄入。

第163天 虾皮鸡蛋羹

搭配
○ 牛奶　　　　○ 全麦面包
○ 葱香白萝卜　○ 空心菜排骨汤

原料: 小白菜 30 克,鸡蛋 2 个,虾皮、香油、盐各适量。

做法: ①鸡蛋磕入碗中,搅拌成蛋液,备用。②虾皮泡软,切碎;小白菜洗净,略焯烫,捞出,切碎。③将虾皮碎、小白菜碎、蛋液、盐、适量温开水一同倒入大碗中,搅拌均匀,放入蒸锅中蒸熟,取出,淋上香油,即可。

■**补妈妈壮宝宝:** 此羹富含钙、维生素 C、蛋白质、卵磷脂,适合孕妈妈食用。

换食材不减营养:可将虾皮换成鲜虾,营养同样丰富,而且味道更好。

第164天 虾肉粥

搭配
○ 豆腐馅饼　　○ 醋熘白菜
○ 四色什锦菜　○ 菠菜鱼片汤

原料: 大米 50 克,虾 100 克,葱末、淀粉、料酒、白糖、酱油、香油、盐各适量。

做法: ①大米洗净;虾挑出虾线,去壳,洗净,切小块。②淀粉、料酒、酱油、少许白糖、盐拌匀后给虾肉块上浆。③锅中放水烧开,倒大米,大火烧开后,转小火煮至汤汁黏稠,放入虾肉块,大火煮沸。④撒上葱末,淋上香油。

■**补妈妈壮宝宝:** 此粥可将营养物质保留,是补钙佳品。

煮粥时最好不要放鸡精、味精等调味品。

第 165 天 金针菇拌肚丝

搭配
○ 鲫鱼冬瓜汤　　○ 咸蛋黄炒饭
○ 拌豆腐干丝　　○ 醋熘白菜

原料： 熟猪肚丝 200 克，金针菇 100 克，葱丝、姜丝、白糖、盐各适量。

做法： ①金针菇洗净切掉根部，切两段，放入沸水中焯至断生，捞起沥干，和肚丝放一起，撒葱丝和姜丝。②另起锅，倒 3 匙植物油，加热至油开始冒烟，迅速倒在撒了葱姜丝的肚丝上，放入少许盐、白糖拌匀。

■ 补妈妈壮宝宝：对胎宝宝的智力发育极有好处。

如果孕妈妈不喜欢吃猪肚，也可以做蒜蓉蒸金针菇。

第 166 天 鸡丁炒豌豆

搭配
○ 杂粮粥　　　○ 干煸菜花
○ 凉拌苦瓜　　○ 柚子

豌豆还有利尿、止泻的作用。

原料： 鸡肉 200 克，胡萝卜丁、豌豆各 30 克，盐、酱油、淀粉各适量。

做法： ①豌豆洗净；鸡肉洗净，切丁，拌上酱油、淀粉腌 10 分钟。②油锅烧热，放入鸡丁翻炒，再放入豌豆粒、胡萝卜丁略炒一会儿，加适量水，烧至豌豆绵软，加盐调味。

■ 补妈妈壮宝宝：富含铁、蛋白质，对体虚的孕妈妈有很好的食疗作用。

🍴 第167天 香浓栗子糊

搭配
○ 糙米饭 　　 ○ 丝瓜金针菇
○ 清炒蚕豆 　 ○ 松仁

栗子中维生素C的含量比较高。

原料: 玉米粒60克,栗子30克,红枣20克。

做法: ①栗子去壳,去皮,切碎。②红枣洗净,去核,切碎。③将所有材料放入榨汁机中,加水打碎,将打好的米糊放入锅中煮熟即可。

■ **补妈妈壮宝宝:** 这款米糊可健脾补肾、强身健体,还能缓解孕期便秘。

🍴 第168天 珊瑚白菜

搭配
○ 牛奶洋葱汤 　 ○ 黑豆饭
○ 葱爆牛肉 　　 ○ 丁香梨

原料: 大白菜200克,干香菇20克,胡萝卜丝50克,葱丝、姜丝、盐、白糖、醋各适量。

做法: ①大白菜洗净,切成细条,用盐腌透沥干;干香菇泡发、切丝;胡萝卜丝用盐腌后沥干水分。②锅中倒油烧热,放姜丝、葱丝煸香,再放入香菇丝、胡萝卜丝、白菜条煸熟,放入少许白糖、盐、醋调好味,倒入容器内即可食用。

■ **补妈妈壮宝宝:** 为胎宝宝快速发育提供了物质基础。

添食材增营养:可加些鸡肉丝,让营养更全面。

孕7月

补膳食纤维，防便秘

随着孕肚增大，孕妈妈的肠蠕动速度变慢，很容易出现便秘的现象。孕妈妈要每天注意足量饮水，多吃新鲜水果和富含膳食纤维的蔬菜，减轻便秘症状。适当的运动，即使是散步也会对防治便秘有一定的效果。很多孕妈妈在这段时期就不敢出门了，生怕动了胎气，实际上，活动减少后，肠胃的消化能力下降，会加重便秘。

孕7月 宜不宜速查

本月，孕妈妈可能会面临妊娠高血压等疾病的危险，在饮食方面需要格外小心，要保证充足、均衡的营养，必须充分摄取蛋白质，多吃鱼、瘦肉、牛奶、鸡蛋、豆类等食物。另外，适当地吃富含膳食纤维的食物，有助于缓解孕妈妈的便秘症状。

宜

● 针对容易出现的牙龈出血、牙龈肿胀，孕妈妈可以通过多吃蔬菜和水果，帮助牙龈恢复健康，如橘子、梨、番石榴、草莓、苹果等，同时要注意漱口。

● 患妊娠糖尿病的孕妈妈用糙米饭或五谷饭代替一半米饭，能延缓血糖的升高，控制血糖。

● 习惯素食的孕妈妈，豆制品是再好不过的健康食品了。它可以提供孕期所需的很多营养，尤其是优质蛋白质。

● 怀孕 28 周起，孕妈妈就要在家里数胎动了，根据胎动的规律观察胎宝宝的情况。

不宜

● 孕妈妈千万不能为了减轻水肿，自行使用利尿剂，否则会引起胎宝宝心律失常、新生儿黄疸等，危害胎宝宝的健康。

● 喝牛奶可以补充钙质，但孕妈妈千万不要把牛奶当水喝，大量饮用会使蛋白质摄入过多，加重肾脏的负担。

● 孕妈妈千万不要偏食，否则会导致营养失调，还会影响胎宝宝的正常生长发育。

● 孕妈妈坐着时不要翘腿，不要压迫大腿内侧；也不要久站久坐，否则会加重孕期静脉曲张。

● 孕妈妈在走路时要尽量挺直腰背，不要挺着肚子走路，这样会使腰痛加剧。

关注体重变化

这个月小家伙长到 32 厘米左右，体重约 1 000 克，有一个柚子那么大了。从这个月开始，孕妈妈的体重增长会很迅速，从此时一直到分娩，体重有可能增长 5~6 千克。如果体重增长过多，孕妈妈要注意适当控制哦。

孕 7 月 饮食营养全知道

孕 7 月来临了，越来越多的孕妈妈出现了水肿的症状，要注意优质蛋白质和蔬果的摄入。蔬菜和水果中含有人体必需的多种维生素和矿物质，它们可以提高机体的抵抗力，加快新陈代谢。孕妈妈饮食上继续保持清淡，不能摄入过多的盐分，否则会加重身体的水肿程度。

对抗妊娠纹的饮食

西红柿含有的番茄红素有较强的抗氧化能力，孕妈妈可以经常吃。

西蓝花含有丰富的异硫氰酸盐、维生素 C 和胡萝卜素，能增强皮肤的抗损伤能力，保持皮肤弹性。

三文鱼中富含的多不饱和脂肪酸是较好的保养皮肤的"营养品"，能减慢机体细胞老化，使皮肤丰润有弹性，并远离妊娠纹的困扰。

黄豆中富含的维生素 E 能抑制皮肤衰老，增加皮肤弹性，防止黑色素沉着。

祛斑靠吃，不用化妆品

各类新鲜水果、蔬菜中都含有丰富的维生素 C，具有消褪黑色素的作用，如柠檬、猕猴桃、西红柿、土豆、圆白菜、菜花、冬瓜、丝瓜等。

牛奶有改善皮肤细胞活性、增强皮肤张力、刺激皮肤新陈代谢、保持皮肤润泽细嫩的作用。

谷皮中的维生素 E 能有效抑制过氧化脂质产生，从而起到干扰黑色素沉着的作用。适量吃些糙米，补充营养的同时又能预防斑点的生成。

远离坏情绪，选对食物才开心

食物是影响情绪的一大因子，选对食物的确能提神，安抚情绪，改善忧郁、焦虑。孕妈妈不妨在孕期多吃一些富含 B 族维生素、维生素 C、镁、锌的食物，通过调整饮食达到抗压及抗焦虑的功效。

可以预防孕期焦虑的食物有：鱼油、深海鱼；鸡蛋、牛奶、优质肉类等；空心菜、菠菜、西红柿；豌豆、红豆；坚果类、谷类等；香蕉、梨、葡萄柚、木瓜、香瓜等。

健康孕妈妈也要预防贫血

贫血的预防应从多方面入手,注意不要挑食、偏食,膳食要合理。注意孕期营养,多吃新鲜蔬菜、水果和红肉,以增加铁、叶酸和维生素的摄入。

积极治疗早期妊娠孕吐、消化性溃疡、慢性肠胃炎等。治疗要根据贫血种类补充铁剂、叶酸、维生素 B_{12}。临近预产期时,重度以上的贫血(血红蛋白低于 60 克 / 升)一般需给以输血治疗,以免分娩失血导致孕妈妈休克、胎死宫内等严重后果。

多吃含钙食品,调整睡姿

从怀孕第 5 个月起就要增加对钙质的摄入量,每天 1 000 毫克左右,钙质摄入不足有可能引起腿抽筋。饮食多样化,多吃海带、芝麻、豆类等含钙丰富的食物,每天喝一杯牛奶,均可有效地预防抽筋。除此之外,还应该适当进行户外活动,多进行日光浴,但忌强烈阳光直射;睡觉时调整好睡姿,采用左侧卧位;伸懒腰时注意两脚不要伸得过直,并且注意下肢的保暖;注意不要让腿部肌肉过度劳累,不要穿高跟鞋;睡前对腿脚部进行按摩。

虾皮中含有丰富的蛋白质和矿物质,钙含量极高,有"钙库"之称,注意选购无盐虾皮。

蛋白质摄入,各个时期有不同

如果在孕前已摄入足够营养,妊娠初期不需过多增加蛋白质摄入量,每天比孕前多增加 5 克即可;妊娠中期、晚期每天需增加蛋白质的量各为 15 克、25 克。蛋白质补充一般靠摄入高蛋白质的食物,如蛋、牛奶、红肉、鱼类及豆浆、豆腐等豆制品。最好每天喝 2 杯牛奶,以获得足够蛋白质,但不能把牛奶当水喝,以免导致肾脏压力过大。

"糖妈妈"应多摄入膳食纤维

在可摄入的分量范围内,血糖过高的孕妈妈应该多摄入高膳食纤维食物,如以糙米饭或五谷饭替代一部分白米饭,增加蔬菜的摄入量,这些做法可以延缓血糖的升高,也比较有饱腹感。

定时饮水、运动,孕期更轻松

每天在固定的时间里饮水,要多饮,但不要暴饮。起床后,孕妈妈可以空腹饮一杯温开水,长期坚持就会形成早晨排便的好习惯。孕晚期时,适量的运动可以增强孕妈妈的腹肌收缩力,促进肠道蠕动,预防或减轻便秘。另外,孕妈妈不妨多做一些感兴趣的事,保持好心情。

周一

一日餐单

- 早餐：鸡蛋＋奶香玉米糊
- 午餐：米饭＋芝麻圆白菜＋鸭血豆腐汤
- 晚餐：黄豆粥＋虾仁煎饼＋香菇油菜
- 加餐：苹果＋牛奶

香菇油菜
补充
维生素 C

周二

一日餐单

- 早餐：拌土豆丝＋小米粥＋鸡蛋
- 午餐：芦笋蛤蜊饭＋红枣炖鲤鱼
- 晚餐：二米饭＋百合炒肉
- 加餐：牛奶＋坚果

彩椒炒牛肉
补铁防贫血

周日

一日餐单

- 早餐：牛奶＋全麦面包＋苦瓜煎蛋
- 午餐：米饭＋玉米青豆虾仁羹＋凉拌豆干丝
- 晚餐：饼＋彩椒炒牛肉＋百合汤
- 加餐：板栗

周六

一日餐单

- 早餐：肉松土豆泥＋鸡蛋＋面包
- 午餐：米饭＋煎鳕鱼＋什锦沙拉
- 晚餐：花卷＋番茄牛腩＋蒜蓉茼子秆
- 加餐：酸奶＋草莓

芦笋蛤蜊饭
补锌、补叶酸

周三

一日餐单

- 早餐：青菜沙拉 + 鲜奶粥
- 午餐：米饭 + 丝瓜金针菇 + 乌鸡滋补汤
- 晚餐：生姜羊肉粥 + 黄花菜炒鸡蛋 + 芦笋炒虾仁
- 加餐：橘子

周四

一日餐单

- 早餐：豆浆 + 肉夹馍
- 午餐：糙米饭 + 油烹茄子 + 家常焖鳜鱼
- 晚餐：三鲜包子 + 彩椒鸡丝
- 加餐：鹌鹑蛋 + 牛奶

醋熘白菜
富含膳食纤维

周五

一日餐单

- 早餐：鸡蛋 + 小米粥 + 清炒油麦菜
- 午餐：红豆饭 + 醋熘白菜 + 抓炒鱼片
- 晚餐：花卷 + 虾仁豆腐 + 牛奶洋葱汤
- 加餐：粗粮饼干

孕7月
一周营养食谱推荐

胎宝宝寄语：妈妈，我已经有一个柚子那么大了。

我的头发也已有 0.5 厘米长，手指甲和脚指甲都出现了。我每天在羊水里呼吸，锻炼还没有发育成熟的肺。我的作息也有规律了，妈妈要是细心的话，就能够感觉到我是醒着，还是睡着。

孕7月 营养食谱

▶ **不宜吃太咸，以防孕期水肿**

🍴 第169天 口蘑鹌鹑蛋汤

搭配
○ 糯米饭　　　　○ 鲜蔬小炒肉
○ 豌豆炒三丁　　○ 开心果

原料： 口蘑50克，油菜心30克，鹌鹑蛋4个，盐、高汤、水淀粉各适量。

做法： ①口蘑、油菜心均洗净，切开；锅中放冷水，加入鹌鹑蛋用小火煮熟，去壳。②油锅烧热，放入口蘑煸炒，然后加入高汤，煮开后放入油菜心、鹌鹑蛋、盐，再煮3分钟，出锅前用水淀粉勾薄芡。

■ **补妈妈壮宝宝：** 此汤蛋白质较丰富。

口蘑是一种低热量食材，适合肥胖的孕妈妈食用。

🍴 第170天 木瓜炖牛排

搭配
○ 羊肉粥　　　　○ 平菇炒鸡蛋
○ 全麦面包　　　○ 清炒菜心

原料： 木瓜300克，牛排200克，鸡蛋1个，盐、蒜末、蚝油、高汤、米酒各适量。

做法： ①牛排洗净沥干，放入搅好的鸡蛋液和盐腌4小时，再将牛排切成条。②木瓜切块，用小火过油。③锅中放油烧热后，用蒜末炝锅，将牛排下锅煎一下，再加入蚝油、高汤和少许米酒一起炖。④炖至牛排将熟时，放入木瓜翻炒一下。

■ **补妈妈壮宝宝：** 可以预防产后少奶，有助于乳房发育。

牛排用鸡蛋液腌一下更嫩。

盐中含有大量的钠，血液中钠离子的增加，会加重身体水肿症状，并且增加患妊娠高血压的风险，孕妈妈饮食不宜太咸。另外孕妈妈应注意休息，以预防水肿。

🍴 第171天 阳春面

搭配　○ 煎鳕鱼　　　○ 西红柿蒸蛋
　　　　○ 青菜沙拉　　○ 榛子

原料： 面条150克，洋葱片30克，香油、葱花、盐、高汤各适量。

做法： ①油锅烧热，放洋葱片炸香，滤出葱油。②另起锅，倒入清水烧开，放面条煮熟。③碗中放入一匙葱油，加盐，加煮熟的面条，放入高汤并淋入香油，撒上葱花即可。

■ **补妈妈壮宝宝：** 营养全面，有利于胎宝宝生长发育。

添食材增营养：也可添加些被称为是"菇中皇后"的香菇。

本月必吃助孕食材：冬瓜

冬瓜含有蛋白质、碳水化合物、维生素以及矿物质等营养成分。有清热利水、消肿排毒的功效，煮汤效果好，需少加盐，淡食为佳。

冬瓜可红烧、清炒，需减重的孕妈妈可常吃。

不宜多吃鸡蛋

在怀孕期间，每个孕妈妈都会通过吃鸡蛋来补充营养，但如果孕妈妈吃鸡蛋过量，摄入蛋白质过多，容易引起腹胀、食欲减退、消化不良等症状，还可导致胆固醇增高，加重肾脏负担，不利于孕期保健。孕妈妈每天宜吃1个鸡蛋，最多不超过2个。

第172天 菠萝炒牛肉

搭配
○ 糙米饭　　　○ 盐水鸭腿
○ 蘸酱菜　　　○ 西红柿

原料：牛肉片 200 克，菠萝肉块 200 克，水淀粉、小苏打粉、料酒、盐各适量。

做法：①牛肉片中加入小苏打粉、水淀粉、料酒、油、盐，搅拌均匀，腌 20 分钟。②油锅烧热，倒入肉片炒至变色，然后倒入菠萝肉块，翻炒均匀。③转小火，淋入料酒，加水淀粉、盐，中火炒匀，至食材全部熟透，即可。

■ **补妈妈壮宝宝**：牛肉富含钙、蛋白质及 B 族维生素，搭配菠萝食用，爽口不腻。

菠萝虽然好吃，但不可多吃。

 第173天 西红柿烧茄子

搭配
○ 花卷　　　　○ 清蒸黄鱼
○ 花生姜汤　　○ 苹果

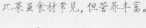

此菜虽食材常见，但营养丰富。

原料：茄子 400 克，青椒、西红柿各 1 个，蒜、香葱、盐、酱油各适量。

做法：①茄子洗净，切成滚刀块，撒些盐，静置 20 分钟，用手挤出水分。②青椒、西红柿洗净，切块；香葱切末；蒜切片，入油锅炒香，加入西红柿、青椒同炒。③倒入茄子，烧煮至熟时，用酱油调色，撒些香葱末即可出锅。

■ **补妈妈壮宝宝**：含维生素、钙、铁等营养功效成分。

第 174 天 牛奶核桃粥

 搭配
- ○ 丝瓜金针菇
- ○ 香菇山药鸡
- ○ 西芹腰果
- ○ 蓝莓

添食材增营养：可以加些枸杞子、红枣。

原料： 大米 50 克，核桃仁 10 克，鲜牛奶 300 毫升。

做法： ①将大米淘洗干净，加适量水，煮沸。②放入核桃仁，中火熬煮 30 分钟。③倒入鲜牛奶，搅拌均匀，即可。

■ **补妈妈壮宝宝：** 牛奶富含钙、蛋白质等；核桃仁富含钙、磷、钾等，两者搭配，营养更丰富。

第 175 天 奶香玉米饼

搭配
- ○ 拌土豆丝
- ○ 虾仁豆腐
- ○ 鸡脯扒小白菜
- ○ 菠萝

原料： 面粉、玉米粒各 100 克，鸡蛋 2 个，奶油 20 克，盐适量。

做法： ①鸡蛋打入碗中，取蛋黄。②将玉米粒、面粉、蛋黄液、奶油、适量盐倒入大碗中，搅拌成糊状。③油锅烧热，倒入面糊，小火摊成饼状，至饼两面呈金黄色。

■ **补妈妈壮宝宝：** 碳水化合物和维生素含量都高，用来当早餐最合适不过了。

做早餐时可以抹上奶酪或苹果酱，味道更好。

🍴 第 176 天 燕麦南瓜粥

搭配 ○ 素包子　　○ 四色什锦菜
○ 菠菜鱼片汤　○ 坚果

原料: 免煮燕麦片 20 克,大米、南瓜各 30 克,盐适量。

做法: ①南瓜洗净削皮,切成小块;大米洗净,浸泡半小时。②大米加适量水,大火煮沸后换小火煮 20 分钟。③然后放入南瓜块,继续用小火煮 10 分钟。④熄火后,加入盐、燕麦片拌匀即可。

■ **补妈妈壮宝宝:** 含锌量高,富含碳水化合物。

燕麦易让孕妈妈产生饱腹感,适合肥胖孕妈妈食用。

🍴 第 177 天 牡蛎煎蛋

搭配 ○ 馒头　　　○ 芦笋炒虾球
○ 菠菜炒鸡蛋　○ 花生

原料: 牡蛎 200 克,鸡蛋 2 个,香菇 50 克,洋葱 40 克,盐适量。

做法: ①洋葱洗净,切丁;香菇洗净,去蒂,切粒,备用。②牡蛎去壳,洗净,切粒;鸡蛋磕入碗中,搅成蛋液。③热锅放油,放入香菇粒、洋葱丁与牡蛎肉,炒至快熟时加入适量盐翻炒调味,再放入鸡蛋液,待凝固后切成小块,即可。

■ **补妈妈壮宝宝:** 牡蛎富含钙、锌、蛋白质等营养素,能够增强孕妈妈免疫力。

牡蛎可放进盐水中,让其吐净泥沙。

第 178 天 奶酪烤鸡翅

搭配
○ 面包   ○ 银耳拌豆芽
○ 什锦沙拉   ○ 橙子

新鲜鸡翅的外皮色泽白亮或呈米色，且富有光泽，肉有弹性。

原料：黄油、奶酪各 50 克，鸡翅 300 克，盐适量。

做法：①鸡翅洗净，余水沥干，盐腌制 2 小时。②黄油入锅融化后放入鸡翅，煎至两面金黄。③奶酪擦成碎末，撒在鸡翅上，待奶酪变软，渗入鸡翅中，关火装盘即可。

■ **补妈妈壮宝宝：**可补钙、增强孕妈妈抗病能力。

第 179~180 天 羊肉冬瓜汤

搭配
○ 米饭   ○ 丝瓜虾仁
○ 凉拌素什锦   ○ 香蕉

羊肉适宜冬季食用，被称为冬令补品。

原料：羊肉片 100 克，冬瓜块 150 克，香油、葱末、姜末、盐各适量。

做法：①冬瓜块切薄片；羊肉片用盐、葱末、姜末拌匀，腌制。②油锅烧热，放冬瓜略炒，加适量清水，加盖烧开。③烧开的锅中加入羊肉片，撇去浮沫，煮熟后淋上香油。

■ **补妈妈壮宝宝：**冬瓜有利尿消肿的作用，对出现水肿的孕妈妈有益。

第181天 香菇炖鸡

搭配 ○ 菠菜鸡蛋面　　○ 孜然鱿鱼
　　 ○ 家常豆腐　　　○ 苹果

原料： 香菇 3 朵，鸡块 200 克，盐、高汤、葱段、姜片、枸杞子、料酒各适量。

做法： ①香菇去蒂，切花刀；鸡块余水捞出。②锅内放入高汤和鸡块，用大火烧开，撇去浮沫。③加入料酒、盐、葱段、姜片、枸杞子、香菇，用中火炖至鸡肉熟烂。

■ **补妈妈壮宝宝：** 提高孕妈妈的抵抗力，开胃健脾。

在此菜品中加几粒枸杞子，营养更丰富，还可明目养肝。

 第182天 西红柿焖牛肉

搭配 ○ 花卷　　　　　○ 四色什锦菜
　　 ○ 虾皮紫菜汤　　○ 苦瓜煎蛋

可在西红柿顶部划一个十字，然后用开水烫一下去皮。

原料： 牛肉 150 克，西红柿块 100 克，水淀粉、酱油、白糖、姜片、高汤、盐各适量。

做法： ①牛肉放清水锅中，加姜片，小火炖烂，捞出凉凉切块。②煸炒西红柿，放酱油、少许白糖、姜片、高汤拌匀，放牛肉块，小火煮五六分钟，用水淀粉勾芡，加盐调味。

■ **补妈妈壮宝宝：** 此道菜可增强孕妈妈的免疫力。

🍴 第 183 天 银耳鸡汤

🔲搭配 ○青菜沙拉 　　○蚕豆炒鸡蛋
　　　○熘肝尖 　　　○桑葚

枸杞子还有明目养肝的作用。

原料: 银耳 20 克,枸杞子、鸡汤、盐、白糖各适量。

做法: ①将银耳洗净,用温水泡发后去蒂,撕小朵。②银耳放入砂锅中,加入适量鸡汤,用小火炖 30 分钟左右,加洗净的枸杞子。③待银耳炖透后放入盐、少许白糖调味即可。

■**补妈妈壮宝宝:** 此汤能够提高孕妈妈机体免疫力,有效预防感冒。

🍴 第 184 天 木耳红枣汤

🔲搭配 ○奶香玉米饼 　　○香菇炖鸡
　　　○鲜蘑炒豌豆 　　○红烧鳝鱼

木耳口感细腻、质地柔软。

原料: 猪里脊肉 100 克,木耳丝 10 克,红枣 20 克,料酒、姜片、盐各适量。

做法: ①将猪里脊肉洗净,切成丝。②红枣去枣核。③锅中放水,猪里脊肉丝、木耳丝、红枣、姜片一起入锅。④加入料酒,用大火烧开,再转小火煮 20 分钟,最后加盐调味。

■**补妈妈壮宝宝:** 此汤有益智健脑、益气补血的功效。

🍴 第 185 天 莲藕排骨汤

搭配 ○ 豆沙包　　　○ 牙签肉
○ 核桃仁拌菠菜　○ 草莓

原料：猪排骨150克，莲藕100克，盐适量。

做法：①猪排骨洗净，剁成块状；莲藕洗净，去皮，切成片。②将排骨块放入沸水中氽烫去血水，冲凉，洗净备用。③将氽烫后的排骨块和藕片一同放入清水中，大火烧沸后转小火炖2小时，起锅前放入适量盐即可。

■ **补妈妈壮宝宝：**莲藕具有安神、净血祛瘀、清热解毒的营养功效。

排骨是孕妈妈补充能量的好食材。

🍴 第 186 天 南瓜牛腩饭

搭配 ○ 香菇油菜　　○ 青椒炒鸭血
○ 鱼头木耳汤　○ 苹果土豆泥

原料：牛肉150克，南瓜100克，米饭150克，胡萝卜、高汤、盐各适量。

做法：①南瓜、胡萝卜分别去皮洗净，牛肉洗净，全部切丁。②牛肉用高汤煮至八成熟，加入南瓜丁、胡萝卜丁、盐，煮至全部熟软，浇在米饭上即可食用。

■ **补妈妈壮宝宝：**此饭富含蛋白质、钙、碳水化合物等多种营养素，可为孕妈妈补充全面营养。

南瓜微甜，口感软糯，适合孕妈妈食用。

第 187 天 荠菜黄鱼卷

搭配 ○ 南瓜包　　○ 煎鳕鱼
○ 西红柿炖豆腐　○ 蔬果汁

原料: 荠菜末 25 克, 油豆皮 50 克, 鸡蛋 2 个, 黄鱼肉 100 克, 淀粉、料酒、盐各适量。

做法: ①鸡蛋取部分蛋清与淀粉调成稀糊。②黄鱼肉切细丝, 同荠菜末、剩下的蛋清、料酒、盐混合成馅料。③馅料包于油豆皮中, 卷成长卷, 抹上稀糊, 切小段, 放入油锅中煎熟。

■ **补妈妈壮宝宝:** 富含蛋白质和膳食纤维, 美味滋补。

换食材不减营养: 可将荠菜换成菠菜、小白菜。

第 188 天 菠菜鸡蛋饼

搭配 ○ 杂粮粥　　○ 香菇炖鸡
○ 豌豆炒鱼丁　○ 橙子

换食材不减营养: 没有菠菜, 也可以用大白菜、油菜等其他蔬菜代替。

原料: 面粉 100 克, 鸡蛋 2 个, 菠菜 3 棵, 火腿 1 根, 盐、香油各适量。

做法: ①面粉倒入大碗中, 加适量温水, 再打入 2 个鸡蛋, 搅拌均匀。②菠菜焯水, 切小段, 火腿切丁, 倒入蛋面糊里。③蛋面糊中加入适量盐、香油, 混合均匀。④平底锅加少量油, 倒入蛋面糊煎到两面金黄。

■ **补妈妈壮宝宝:** 含丰富碳水化合物, 补充能量。

🍴 第189天 紫菜汤

搭配
○ 西葫芦饼　　　○ 素烧三鲜
○ 盐水鸡肝　　　○ 拌黄瓜

此汤制作简单，但营养丰富。

原料： 紫菜 10 克，鸡蛋 1 个，虾皮、香菜、盐、葱末、姜末、香油各适量。

做法： ①虾皮、紫菜均洗净，紫菜撕小块；鸡蛋打散；香菜洗净，切小段。②姜末下油锅略炸，放虾皮略炒，加适量水烧沸，淋入鸡蛋液，放紫菜、香菜、盐、葱末、香油即可。

■ **补妈妈壮宝宝：** 紫菜有助于体内毒素排出。

🍴 第190天 西红柿猪骨粥

配
○ 素包子　　　○ 煎鳕鱼
○ 牙签肉　　　○ 苹果

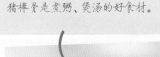
猪棒骨是煮粥、煲汤的好食材。

原料： 西红柿 50 克，猪棒骨 300 克，大米 100 克，盐适量。

做法： ①西红柿切块；大米洗净，浸泡。②锅置火上，放入猪骨和适量水，大火烧沸后改小火，熬煮 1 个小时，捞出取肉切小块备用。③骨汤中放入大米、西红柿块、猪肉块，继续熬煮成粥；待粥熟时，加盐。

■ **补妈妈壮宝宝：** 常喝可预防宝宝软骨病的发生。

🍴 第 191 天 红枣花生汤

搭配
- ○ 柠檬饭
- ○ 盐水鸡肝
- ○ 清蒸茄丝
- ○ 西红柿

花生中的锌和卵磷脂含量高，可促进胎宝宝大脑发育。

原料： 鲜牛奶 200 毫升，红枣、花生各 20 克，红薯块适量。

做法： ①花生、红枣用水浸泡 30 分钟。②锅中放入花生、红薯块、红枣，加水没过 2 厘米，大火烧开转小火，煮至红薯、花生变软。③盛出煮好的汤，浇入鲜牛奶即可。

■ **补妈妈壮宝宝：** 红枣补气血，加入鲜牛奶还可以补钙。

🍴 第 192 天 核桃仁紫米粥

搭配
- ○ 西葫芦饼
- ○ 孜然鱿鱼
- ○ 素烧三鲜
- ○ 凉拌藕片

血糖高的孕妈妈可以做成核桃仁紫米饭。

原料： 紫米、核桃仁各 50 克，枸杞子 10 克。

做法： ①紫米洗净，浸泡 30 分钟；核桃仁拍碎；枸杞子拣去杂质，洗净。②将紫米放入锅中，加适量清水，大火煮沸，转小火继续煮 30 分钟。③放入核桃仁碎与枸杞子，继续煮至食材熟烂即可。

■ **补妈妈壮宝宝：** 核桃富含镁、钾、必需脂肪酸等营养功效，孕妈妈常吃还有助于健康。

🍴 第193天 西红柿面片汤

搭配
○ 菠菜柳橙汁　　○ 全麦面包
○ 煮花生　　　　○ 煎鳕鱼

换食材不减营养：可将鹌鹑蛋换成鸡蛋。

原料： 西红柿 1 个，面片 100 克，熟鹌鹑蛋 2 个，高汤、盐、香油各适量。

做法： ①西红柿烫水去皮，切丁。②油锅烧热，炒香西红柿丁，炒成泥状后加入高汤，烧开后加入鹌鹑蛋。③加入面片，煮 3 分钟后，加盐、香油调味即可。

■ **补妈妈壮宝宝：** 增进食欲，易吸收。

🍴 第194天 蚝油香菇丁

搭配
○ 糙米饭　　　　○ 盐水鸡肝
○ 西红柿炖豆腐　○ 六合菜

干香菇也是不错的选择之一。

原料： 鲜香菇 5 朵，猪颈背肉 200 克，青椒 1 个，蒜末、甜面酱、蚝油、生抽各适量。

做法： ①鲜香菇洗净去蒂，放入沸水锅中焯烫 1 分钟，捞出过凉水后挤去水分，切丁；青椒、猪颈背肉洗净，均切丁。②油锅烧热，放入猪肉丁，煸炒至猪肉丁边缘呈金黄色，放入蒜末炒香。③加入香菇丁，略微翻炒，调入甜面酱、蚝油、生抽，炒匀，加入青椒丁，炒至全部食材熟透，即可。

■ **补妈妈壮宝宝：** 猪颈背肉富含蛋白质，并能够提供有机铁，搭配富含维生素 C 的青椒食用，可促进铁吸收。

第195天 红薯山药粥

搭配
○ 苹果鱼片　　○ 干煸菜花
○ 银耳拌豆芽　○ 草莓

山药有滋补脾胃的作用。

原料: 红薯、山药各100克,小米50克。

做法: ①红薯、山药洗净,去皮,切块。②锅中倒入适量水,大火煮沸。③水开后放入小米、红薯块、山药块,煮至熟烂即可。

■ **补妈妈壮宝宝:** 小米能强健身体,帮助消化,还能为孕妈妈提供充足热量。

第196天 洋葱小牛排

搭配
○ 香菇炖鸡　　○ 干煸豆角
○ 松仁海带　　○ 奶香玉米饼

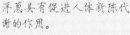

洋葱具有促进人体新陈代谢的作用。

原料: 牛排150克,洋葱25克,鸡蛋(取蛋清)1个,盐、酱油、白糖、水淀粉各适量。

做法: ①牛排洗净,切薄片;洋葱去皮,洗净,切成块。②牛肉片中加入蛋清、盐、酱油、少许白糖、水淀粉搅拌均匀。③油锅烧热,放入牛肉片、洋葱煸炒,调入酱油,加盐调味。

■ **补妈妈壮宝宝:** 防治孕期贫血,对促进胎宝宝骨骼生长也有好处。

孕8月

适量补充不饱和脂肪酸

人的生命必须依赖两种脂肪酸才能生存，一种是饱和脂肪酸，主要来自畜肉、内脏、棕榈油等；另一种是不饱和脂肪酸，主要来自各种植物油、鱼类、禽类等。对孕妈妈来说，可选择多吃富含不饱和脂肪酸的食物，它有助于胎宝宝眼睛、大脑、血液和神经系统的发育。因此，孕妈妈的饮食应该合理调整比例与结构，各种内脏、鱼类、坚果、绿叶蔬菜和植物油等的量要合理摄入，避免脂肪过多堆积，影响母婴健康。

孕8月 宜不宜速查

　　此时孕妈妈要避免高热量、高盐分的饮食，以免体重增长过快或引起水肿，少食多餐的饮食方法应继续坚持。如果此时睡眠不好，可以在每晚临睡前喝1杯牛奶，既补钙还安眠。

宜

● 随着胎宝宝的长大，子宫挤压胃部，孕妈妈会觉得胃口不好了，这时可以少食多餐，吃一些有养胃作用、易于消化吸收的粥和汤羹。

● 从现在到分娩，孕妈妈最好多吃些豆类和谷类的食物，可以满足孕妈妈和胎宝宝在这个阶段对能量的需要。

● 每天进食5~7餐，每餐进食量减少，睡前喝1杯牛奶，可以缓解孕晚期因胎宝宝压迫而产生的胃部疼痛现象。

● 孕妈妈除了进食肉、蛋、奶类之外，还要注意多吃蔬菜，用以利尿排毒，避免水肿。

● 准爸爸通过直接参与孕期检查，对孕妈妈的情绪波动及时加以开导，将有助于减少孕妈妈孕期抑郁的发生。

不宜

● 现在，孕妈妈要少吃淀粉和脂肪含量高的食物，多吃蛋白质、维生素含量高的食物，以免胎宝宝生长过大，造成分娩困难。

● 为了避免体重增长过度，孕妈妈还是要少吃糖果、炸土豆片等热量比较高的零食。

● 孕期失眠不适合用催眠药物，它不仅会使孕妈妈产生药物依赖，还可能影响宝宝的健康。

● 孕妈妈体重增长过缓也不是好事，这说明孕妈妈的营养状况欠佳，而且胎宝宝有可能也发育迟滞。

● 因为行动不便，孕妈妈更多地留在家里，但别把时间都用来看电视和上网，保持生活的规律性，以及适当运动对孕妈妈和胎宝宝都很有好处。

关注体重变化

　　胎宝宝在孕妈妈的肚子里继续长大，现在相当于8个橙子那么重。从现在开始直至分娩，孕妈妈体重将增长5千克左右。现在，胎宝宝正在为出生做最后的冲刺，孕妈妈体重每周可增长500克，但是最好不要超过这个数值，否则易造成分娩困难。

孕8月 饮食营养全知道

从孕8月到孕10月，胎宝宝生长速度一直处于高峰期，孕妈妈和胎宝宝对各种营养的需求量都非常大。同时，胎宝宝开始在肝脏和皮下储存糖原及脂肪，因此仍需要碳水化合物和优质脂肪。在饮食上应以优质蛋白质、矿物质和维生素含量高的食品为主，尤其要摄入一定量的钙，如奶类、豆腐、豆浆、海带、紫菜、坚果等。

预防消化不良，稳定体重

孕妈妈要坚持少食多餐，睡前1杯牛奶能缓解孕晚期因胎宝宝压迫而产生的疼痛现象。避免高热量食品，以免体重增长过快，孕晚期每周的体重增长300克左右比较合适，不宜超过500克。

孕期过敏应对法宝：维生素C和类黄酮

怀孕之前已经知道自己是过敏体质的孕妈妈，会对孕期致敏因素格外小心，但是有的孕妈妈从没有过敏情形，到怀孕时才出现。遭遇过敏不要惊慌失措，采取相应措施，孕妈妈和胎宝宝都会安然无恙。孕妈妈可以从很多食物中摄入

维生素C和类黄酮，增强抗过敏能力，如西蓝花、荠菜、胡萝卜、南瓜、西红柿、西瓜、柑橘、草莓、樱桃等。要注意远离已知的过敏源。

继续低盐饮食，控制盐摄入量

孕妈妈子宫增大更加迅速，宫高在25~28厘米，腹部隆起极为明显，肚脐突出，增大的子宫压迫着胃部、心脏和肺部，带来胃痛和心口堵的感觉，影响孕妈妈的食欲和睡眠质量。越是到这时候，孕妈妈越要坚持低盐饮食，预防和缓解水肿。

常吃葵花子可促进胎宝宝大脑发育

大脑的充分发育离不开胎宝宝时期的良好营养。孕妈妈多吃补脑食品，可以让大脑正处于发育之中的胎宝宝受益。经常食用葵花子有一定的补脑健脑的作用。经常食用葵花子的人不仅皮肤红润、细嫩，且记忆力强，反应较快。但葵花子易上火，便秘的孕妈妈不要过多食用。

使用铁制炊具烹调

做菜时尽量使用铁锅、铁铲，这些炊具在烹制食物时会产生可溶性铁盐，可以提高食物中铁的含量，辅助补铁。但补铁最直接的方式还是保证红肉、动物血的摄入。

孕晚期不要过度肥胖

孕晚期，孕妈妈每天的主食需要达到300~350克，荤菜每餐也可增加到200~250克，但是要控制淀粉、糖、盐的摄入量，以免引起过度肥胖，引发妊娠期糖尿病、高血压等。如果孕妈妈的体重已经超标了，可以适当减少米、面等主食的摄入量，少吃水果。必要的时候，孕妈妈需要到医院咨询，制定个性化的饮食。

吃香蕉可缓解疲劳

香蕉可以快速地提供能量，帮助孕妈妈击退随时出现的疲劳感。可以把香蕉切成片，放入麦片粥里，也可以和牛奶、全麦面包一起做早餐。

谨慎对待排胎毒

民间说的胎毒，即内热。排胎毒在南方比较流行，老一辈人认为，南方的气候和水质属于热性，且很湿热。因此有各种各样的食疗方，如开口茶、龟苓膏或凉茶，但这些并不适合孕妈妈或者胎宝宝，孕妈妈盲目服用会有隐患。在孕期的饮食上注重科学合理饮食，多喝水，多吃蔬菜，促进排便。不要随意服用排胎毒的中药，如甘草、黄连、朱砂、牛黄、轻粉等。另外，孕妈妈要仔细询问为自己做产检的医生，听从医生的指导，这样做不但科学，还能婉拒长辈或者亲属听来的各种偏方。

慎饮糯米甜酒

糯米甜酒和酒一样，都含有一定比例的酒精。与普通白酒不同的是，糯米甜酒酒精浓度较低，不过，即使是微量酒精，也可通过胎盘进入胎宝宝体内，使胎宝宝大脑细胞的分裂受到阻碍，导致其发育不全，从而造成中枢神经系统发育障碍。

周一

一日餐单

- 早餐：牛奶 + 鸡蛋 + 拌土豆丝
- 午餐：米饭 + 鲜虾卷 + 蚝油草菇油菜
- 晚餐：黑豆饭 + 葱爆牛肉 + 紫菜蛋花汤
- 加餐：香蕉 + 核桃 + 酸奶

葱爆牛肉
提高免疫力

周二

一日餐单

- 早餐：牛奶 + 南瓜早餐饼 + 蒜□□黄瓜
- 午餐：米饭 + 老鸭汤 + 丝瓜□□鸡蛋
- 晚餐：二米饭 + 鸡肉扒油菜 + □□豆腐
- 加餐：麦麸饼干 + 桃 + 酸奶

凉拌海蜇
益于控制体重

周日

一日餐单

- 早餐：蛋花粥 + 花卷 + 菠菜核桃仁
- 午餐：猪肚粥 + 凉拌海蜇 + 醋熘白菜
- 晚餐：米饭 + 豌豆炒三丁 + 芦笋炒虾球
- 加餐：酸奶 + 香蕉

周六

一日餐单

- 早餐：枸杞子芹菜粥 + 鸡蛋饼
- 午餐：什锦饭 + 银耳豆苗 + 凉拌□
- 晚餐：奶酪手卷 + 胭脂冬瓜球 + □鲤鱼
- 加餐：花生米糊 + 苹果

丝瓜炒鸡蛋
美容护肤

周三

一日餐单

- 早餐：牛奶 + 全麦面包 + 鸡蛋
- 午餐：荞麦凉面 + 栗子扒白菜 + 农家小炒肉
- 晚餐：紫米饭 + 清炒西蓝花 + 芦笋炒虾球
- 加餐：橘子 + 松仁

周四

一日餐单

- 早餐：黄豆芝麻粥 + 麦麸饼干 + 鸡蛋
- 午餐：鲜奶粥 + 韭菜薹炒鱿鱼 + 丝瓜金针菇
- 晚餐：山药扁豆糕 + 里脊肉炒芦笋 + 奶汁烩生菜
- 加餐：樱桃

西芹炒百合
富含膳食纤维

周五

一日餐单

- 早餐：燕麦糙米糊 + 鸡蛋 + 拌海带丝
- 午餐：芦笋蛤蜊饭 + 西芹炒百合 + 松仁海带
- 晚餐：肉夹馍 + 芝麻圆白菜
- 加餐：牛奶核桃 + 麦麸饼干

孕8月
一周营养食谱推荐

胎宝宝寄语：妈妈，您辛苦了。

从这个月开始就进入孕晚期了，妈妈一定要注意休息呀！现在我的主要任务是运动和增加体重，随着我的个子逐渐长高，宫内活动空间变小了，所以有时我会显得很安静，妈妈不用担心，这是我在储备力量，为出生做准备。

孕8月 营养食谱

▶ 补充碳水化合物

🍴 第 197 天 南瓜蒸肉

搭配 ○玉米面发糕　○平菇炒鸡蛋　○拌海带丝　○炒菜花

原料: 南瓜 1 个, 猪肉 150 克, 酱油、甜面酱、白糖、葱末各适量。

做法: ①南瓜洗净, 在瓜蒂处开一个小盖子, 挖出瓜瓤。②猪肉洗净切片, 加酱油、甜面酱、少许白糖、葱末拌匀, 装入南瓜中, 盖上盖子, 蒸 2 小时取出, 撒上葱末即可。

■ **补妈妈壮宝宝:** 荤素搭配, 香甜可口, 深得众多孕妈妈喜爱。

添食材增营养: 可加些胡萝卜、土豆等, 让营养更丰富。

第 198 天 鲜虾卷

搭配 ○奶酪三明治　○豆浆　○葱爆牛肉　○苹果

原料: 油豆皮 150 克, 虾 300 克, 酱油、白糖、香油、盐各适量。

做法: ①油豆皮用冷水浸一下, 取出, 备用。②虾去壳, 洗净, 用盐、酱油、少许白糖、香油抓拌。③将虾摆在油豆皮上, 卷起, 捆紧, 切成段装盘放在蒸锅中蒸熟即可。

■ **补妈妈壮宝宝:** 油豆皮含钙、钾, 虾仁富含蛋白质、钙, 可使胎宝宝更强壮。

孕妈妈选虾时应注意挑选新鲜的虾, 如果有异味则不要选。

孕妈妈的体重稳步增长，所需热量也随之增加。热量主要来源于碳水化合物，在副食供应较好的条件下，孕期尽可能使碳水化合物摄入量占总量的50%~65%，这样可以保证蛋白质及其他营养素的摄入。

第199天 牛肉卤面

搭配
○ 芦笋南瓜条 ○ 牛奶核桃粥
○ 煎鳕鱼   ○ 虾仁豆腐

原料：面条100克，牛肉丁、胡萝卜丁各50克，红椒丁、黄椒丁各20克，酱油、水淀粉、盐、香油各适量。

做法：①面条煮熟过水。②牛肉丁煸香，放胡萝卜丁、红椒丁、黄椒丁煸炒，加酱油、盐、水淀粉调味后浇在面条上，淋几滴香油。

■**补妈妈壮宝宝：**强身健体，兼有补血的效果。

换食材不减营养：可将胡萝卜换成菠菜、土豆等。

本月必吃助孕食材：洋葱

洋葱中含有植物杀菌素，如大蒜素等，有很强的杀菌能力，能有效抵御流感病毒，预防感冒。洋葱中所含有的前列腺素A，是天然的血液稀释剂，可起到降血压的作用。

洋葱还有提神醒脑、舒缓压力的作用。

每天早晨起床后喝1杯温开水

孕妈妈每天早晨起床后喝1杯温开水，能及时补充一夜所消耗的水分，恢复体内的水平衡，促进新陈代谢，增强免疫功能。清晨饮水，还可以起到"内洗涤"的作用，能加快机体内液体的流动，洗涤体内毒素，使其排出体外。温开水还可以温润胃肠，使消化液得到足够的分泌，以促进食欲。

第 200 天 土豆饼

搭配
○ 排骨汤　　　○ 干煸菜花
○ 茴香拱蛋　　○ 胭脂冬瓜球

原料： 土豆、西蓝花各 50 克，面粉 100 克，盐适量。

做法： ①土豆洗净，去皮，切丝；西蓝花洗净，焯烫，切碎；土豆丝、西蓝花碎、面粉、盐、适量水放在一起搅匀。②将搅拌好的土豆饼糊倒入煎锅中，用油煎成饼即可。

■ **补妈妈壮宝宝：** 可很好地为孕妈妈补充能量。

西蓝花中矿物质的含量比其他蔬菜更全面。

 第 201 天 鸡蛋什锦沙拉

搭配
○ 猪肚粥　　　○ 咸香蛋黄饼
○ 蘸酱菜　　　○ 蔬果汁

原料： 鸡蛋 1 个，生菜 100 克，圣女果 80 克，洋葱、苹果各 50 克，沙拉酱适量。

做法： ①鸡蛋放入锅中煮熟，捞出过冷水，剥皮，切开，备用。②生菜洗净，撕成小片；圣女果、洋葱洗净，切片；苹果洗净，去皮、去核，切小块，待用。③将上述准备好的所有食材放入大碗中，倒入沙拉酱，搅拌均匀，即可。

■ **补妈妈壮宝宝：** 沙拉制作方便，且可放多种自己喜欢的食材，营养更丰富、全面。

苹果皮中富含膳食纤维，孕妈妈可选择洗干净带皮吃。

第 202 天 鲜奶炖木瓜雪梨

搭配 ○ 米饭　　　　　○ 彩椒炒玉米粒
○ 小米蒸排骨　　○ 醋熘白菜

原料： 鲜牛奶 250 毫升，雪梨 100 克，木瓜 50 克，蜂蜜适量。

做法： ①雪梨、木瓜洗净，去皮去核，切块。②将雪梨、木瓜放入炖盅内，加入鲜牛奶和适量清水，先用大火烧开。③改用小火炖至雪梨、木瓜软烂，加入少许蜂蜜调味。

■ **补妈妈壮宝宝：** 清新的味道会令孕妈妈心情舒畅。

鲜牛奶是补钙的好食材。

第 203 天 栗子扒白菜

搭配 ○ 柠檬饭　　　　○ 清蒸茄丝
○ 豆浆葱菇浓汤　○ 草莓

原料： 白菜 300 克，栗子 100 克，葱花、姜末、淀粉、盐各适量。

做法： ①栗子煮熟去皮；白菜洗净，切成小片。②油锅烧热，放入葱花、姜末炒香，接着放入白菜与栗子翻炒，加适量水，熟后用淀粉勾芡，加盐调味。

■ **补妈妈壮宝宝：** 这道菜清爽可口，可增强食欲，使孕妈妈体力更充沛。

孕妈妈吃这道菜的时候，可以适当减少栗子的摄入量。

🍴 第204天 雪菜肉丝面

搭配
- ○ 凉拌菠菜
- ○ 胡萝卜炒五花肉
- ○ 小葱拌豆腐
- ○ 茴香拱蛋

换食材不减营养：可将雪菜换成菠菜、油菜等。

原料： 面条、猪瘦肉丝各100克，雪菜末50克，料酒、盐、葱花各适量。

做法： ①瘦肉丝加料酒拌匀。②锅中放入瘦肉翻炒，加葱花、雪菜末，翻炒几下，加盐调味，熟后盛出。③面条煮熟后，将炒好的雪菜肉丝放在面条上即可。

■ **补妈妈壮宝宝：** 此菜荤素搭配合理，营养丰富，有助于孕妈妈滋补身体。

🍴 第205天 培根菠菜饭团

搭配
- ○ 盐水鸭腿
- ○ 鲜虾卷
- ○ 栗子扒白菜
- ○ 酸奶

原料： 培根100克，米饭150克，菠菜、香油、海苔碎、盐各适量。

做法： ①菠菜洗净后放入沸水中，加入少许盐略焯，捞出放入凉水中，挤干水分，切成末。②菠菜末放碗内，加香油拌匀，再加入米饭、海苔碎拌匀，取小团拌好的菜饭捏成椭圆形饭团。③用培根将饭团包裹，小火煎5分钟。

■ **补妈妈壮宝宝：** 含胡萝卜素，利于胎宝宝眼睛发育。

海苔含有丰富的B族维生素。

第 206 天 菠菜年糕

搭配
○ 风味卷饼　　○ 韭菜薹炒鱿鱼
○ 排骨玉米汤　　○ 苹果

菠菜色泽浓绿，烧汤、凉拌、清炒、垫盘均可。

原料： 年糕、菠菜各 100 克，面筋泡、白胡椒粉、盐各适量。

做法： ①菠菜洗净，切段备用。②炒锅中放油，放入菠菜，炒至发软。③倒入适量开水，放入年糕，盖上锅盖，煮至年糕软糯。④面筋泡捏碎，放入锅中，加盐和白胡椒粉调味，出锅食用。

■ **补妈妈壮宝宝：** 菠菜富含铁，有益于预防孕期贫血。

第 207 天 小米面茶

搭配
○ 奶香玉米饼　　○ 香菇炖鸡
○ 五色沙拉　　○ 酸奶

小米面可缓解孕妈妈脾胃气弱、食不消化的症状。

原料： 小米面 100 克，芝麻 40 克，麻酱、盐、姜粉各适量。

做法： ①芝麻用水冲洗干净，沥干水分，入锅炒熟，擀碎，加盐拌一下。②锅内加清水、姜粉，烧开后将小米面和成稀糊倒入锅内，略加搅拌，开锅后盛入碗内。③将麻酱调匀，淋入碗内，再撒入芝麻盐。

■ **补妈妈壮宝宝：** 含卵磷脂，利于胎宝宝神经发育。

🍴 第 208 天 南瓜紫菜鸡蛋汤

搭配
- ○ 牛肉饼
- ○ 蔬菜沙拉
- ○ 地三鲜
- ○ 苹果

紫菜蛋白质、膳食纤维含量较高。

原料: 南瓜 100 克,鸡蛋 1 个,紫菜、盐各适量。

做法: ①南瓜洗净后,切块;紫菜洗净;鸡蛋打入碗内搅匀。②将南瓜块放入锅内,加水煮熟透,放入紫菜,煮 10 分钟,倒入蛋液搅散,出锅前放盐即可。

■ **补妈妈壮宝宝:** 南瓜与肉类、蛋类同食,营养功效搭配合理,有护肝补肾强体之效。

🍴 第 209~210 天 彩椒炒腐竹

搭配
- ○ 韭菜炒虾肉
- ○ 鲜蔬小炒肉
- ○ 西红柿炒菜花
- ○ 百合汤

红椒、青椒颜色鲜艳,能够在一定程度上激发孕妈妈食欲。

原料: 黄椒、红椒各 50 克,腐竹 100 克,葱末、盐、香油、水淀粉各适量。

做法: ①黄椒、红椒洗净,切片;腐竹泡水后斜刀切成段。②锅中倒油烧热,放入葱末煸香,再放入黄椒片、红椒片、腐竹段翻炒。③放入水淀粉勾芡,出锅时加盐调味,再淋上香油即可。

■ **补妈妈壮宝宝:** 这道菜能补充胎宝宝乳牙牙胚发育所需的营养。

第211天 羊肉粉丝汤

搭配
○ 海带焖饭　　○ 肉末炒芹菜
○ 凉拌海蜇　　○ 核桃

原料： 羊肉200克，粉丝100克，虾皮5克，葱末、姜丝、蒜末、醋、盐各适量。

做法： ①粉丝洗净，用温水浸泡30分钟左右，备用。②羊肉洗净，切成块，余水；虾皮洗净，待用。③油锅烧热，放入蒜末爆香，倒入羊肉，煸炒至干，加少许醋，随后加入适量水、姜丝、葱末，大火煮沸，转小火焖煮至羊肉熟烂。④加粉丝与虾皮煮10分钟，加盐调味，即可。

■ **补妈妈壮宝宝：** 此汤富含蛋白质、钙等多种营养素，且羊肉性温，有温补作用。

粉丝有红薯粉丝、土豆粉丝等。

第212天 牛奶洋葱汤

搭配
○ 清蒸黄鱼　　○ 花卷
○ 芝麻圆白菜　　○ 凉拌空心菜

原料： 鲜牛奶300毫升，洋葱50克，橄榄油、盐各适量。

做法： ①洋葱去蒂切丝，锅中放橄榄油，烧至六成热，加洋葱丝炒香。②加水，以小火慢慢熬出洋葱的香味。③待洋葱软烂后，加入鲜牛奶煮沸，加盐调味即可。

■ **补妈妈壮宝宝：** 此汤营养健康，补充钙质。

洋葱有预防感冒、提神醒脑的作用。

🍴 第 213 天 脆煎小黄鱼

搭配 ○ 烤馒头片　　○ 土豆烧鸡块
○ 鸡蛋什锦沙拉　○ 松仁

原料: 小黄鱼 4 条,面粉 30 克,姜片、玉米淀粉、料酒、白胡椒粉、盐各适量。

做法: ①小黄鱼处理干净,吸干水分,加白胡椒粉、姜片、料酒、盐,抓匀腌 20 分钟,中途翻面几次。②将玉米淀粉与面粉混匀后,均匀抹在鱼的两面,抖落多余干粉。③油锅烧热,下入裹好干粉的小黄鱼,炸至两面金黄,用筷子轻滑鱼身感觉变硬后捞出沥油。

■ **补妈妈壮宝宝:** 小黄鱼具有润肺健脾的作用,比较适合孕妈妈。

小黄鱼富含蛋白质、钙、维生素 B_2 等营养素。

🍴 第 214 天 芝麻酱拌苦菊

搭配 ○ 玉米面发糕　　○ 西红柿炒鸡蛋
○ 牛奶　　　　　○ 苹果

原料: 苦菊 150 克,芝麻酱、盐、醋、白糖、蒜泥各适量。

做法: ①苦菊洗净后沥干水,切长段。②芝麻酱用少量温水化开,加入盐、少许白糖、蒜泥、醋,搅拌成糊状。③把芝麻酱倒在苦菊上,拌匀。

■ **补妈妈壮宝宝:** 此菜可清热降火,还能预防孕妈妈中晚期贫血。

换食材不减营养:孕妈妈如果不喜欢苦味,可将苦菊换成油麦菜,同样具有清热作用。

第 215 天 苹果鱼片

搭配
○ 什锦燕麦粥   ○ 茴香拱蛋
○ 西葫芦饼   ○ 油烹茄条

苹果特有的清香孕妈妈可能比较喜欢。

原料: 鱼片 100 克, 青苹果片 50 克, 鸡蛋 1 个, 胡萝卜片 100 克, 料酒、盐、姜末各适量。

做法: ①鱼片切薄片, 打 1 个蛋清, 加盐、料酒、姜末, 给鱼片上浆, 腌 10 分钟。②锅中油加热至六成热时下鱼片滑熟, 盛出。③留底油, 下胡萝卜片翻炒, 再放入苹果片炒匀, 加盐, 最后放入鱼片翻炒几下。

■ **补妈妈壮宝宝:** 营养丰富, 易于吸收, 催乳补血。

第 216 天 洋葱黄瓜炒鸡蛋

搭配
○ 南瓜饼   ○ 凉拌苦瓜
○ 菜心炒牛肉   ○ 牛奶

原料: 黄瓜 200 克, 洋葱 100 克, 鸡蛋 2 个, 白糖、盐适量。

做法: ①鸡蛋磕入碗中, 加少许盐, 搅打成蛋液; 黄瓜、洋葱洗净, 均切片, 备用。②锅中加油烧热, 倒入鸡蛋液, 待凝固后用筷子打散, 盛出, 备用。③锅中留油, 倒入洋葱片, 翻炒出香味, 倒入黄瓜片, 炒至断生, 放入鸡蛋块, 调入盐、少许白糖, 翻炒均匀, 即可。

■ **补妈妈壮宝宝:** 鸡蛋含有多种营养素, 搭配洋葱食用, 还可预防感冒。

黄瓜具有除热、利水利尿、清热解毒的功效。

🍴 第 217 天 意式蔬菜汤

搭配 ○ 花卷　　　　　○ 全麦面包
○ 红烧排骨　　　○ 牛奶浸白菜

胡萝卜富含胡萝卜素，对孕妈妈和胎宝宝的眼睛有益。

原料： 胡萝卜、南瓜、西蓝花、白菜各 50 克，洋葱 30 克，高汤、盐各适量。

做法： ①将上述全部蔬菜洗净。②胡萝卜、南瓜切丁；白菜、洋葱切碎；西蓝花掰成朵。③油锅烧热，放入洋葱碎，翻炒至软，放入剩余蔬菜，翻炒 2 分钟后倒入高汤烧开，转小火炖煮至食材全熟，加盐调味，即可。

■ **补妈妈壮宝宝：** 此汤食材丰富，可提升孕妈妈的机体免疫力。

🍴 第 218 天 鲜蔬小炒肉

搭配 ○ 米饭　　　　　○ 鸡肉扒油菜
○ 山药五彩虾仁　○ 芝麻茼蒿

原料： 五花肉片 100 克，鸡腿菇片、蚕豆各 50 克，红椒丝、蒜蓉、白糖、生抽、香油、盐各适量。

做法： ①鸡腿菇片、蚕豆焯水冲凉。②干煸五花肉片，加蒜蓉；放鸡腿菇片和蚕豆，加生抽和少许白糖翻炒。③放红椒丝，加盐，淋少许香油。

■ **补妈妈壮宝宝：** 这道鲜蔬小炒肉荤素搭配，营养功效均衡，适合孕妈妈食用。

换食材不减营养：可将蚕豆换成土豆，也可酌情添加其他蔬菜。

第 219 天 荞麦凉面

搭配
○ 茄汁鳕鱼 ○ 麻酱素什锦
○ 海带烧黄豆 ○ 香蕉

白芝麻中含有丰富的维生素E，可使皮肤白皙润泽，并能防止各种皮肤炎症。

原料： 荞麦面100克，酱油、细海带丝、醋、盐、熟芝麻各适量。

做法： ①荞麦面煮熟，用凉白开过两三遍水，待面变凉后，加适量水和酱油、醋、盐搅拌均匀。②荞麦面上撒些海带丝和熟芝麻即可。

■ **补妈妈壮宝宝：** 荞麦可预防或治疗孕期高血压，止咳祛痰，有助于扩张冠状血管和降低血管脆性。

第 220 天 西红柿培根蘑菇汤

搭配
○ 小米山药粥 ○ 蒜蓉茄子
○ 奶酪手卷 ○ 栗子扒白菜

此汤食材多样，营养全面。

原料： 西红柿1个，培根50克，鲜香菇4朵，牛奶、紫菜、盐、黄油各适量。

做法： ①培根用油煎后，切碎；西红柿用开水烫一下，去皮后捣成泥；香菇切片。②把黄油放入锅中烧热后，把香菇、西红柿酱、培根碎放入翻炒，再倒入牛奶煮沸，加盐调味。③做好的汤倒入碗中，将紫菜切碎，洒在汤上。

■ **补妈妈壮宝宝：** 可提高孕妈妈机体免疫功能。

🍴 第 221 天 肉片粉丝汤

搭配
○ 烤馒头片　　○ 农家小炒肉
○ 鲜虾卷　　　○ 西红柿菠萝汁

原料: 猪肉 100 克,粉丝 50 克,盐、料酒、淀粉、香油、葱末各适量。

做法: ①粉丝用温水泡发;猪肉切薄片,加淀粉、料酒、盐拌匀,腌 10 分钟。②锅中加清水烧沸,放猪肉片,略煮后放入粉丝,煮熟后放盐调味,淋上香油,撒上葱末即可。

■ **补妈妈壮宝宝:** 此汤营养丰富,可增强孕妈妈的免疫力。

换食材不减营养: 可将猪肉换成牛肉,牛肉有补中益气的作用。

🍴 第 222 天 香油芹菜

搭配
○ 排骨汤面　　○ 百合炒肉
○ 清蒸茄丝　　○ 坚果

原料: 芹菜段 100 克,当归 2 片,枸杞子、盐、香油各适量。

做法: ①当归加水熬煮 5 分钟,滤渣取汁。②芹菜段焯水;枸杞子冷开水浸洗。③芹菜段用盐和当归水腌片刻,放少量香油,腌制入味,撒上枸杞子。

■ **补妈妈壮宝宝:** 镇静安神、利尿消肿。

芹菜富含膳食纤维,可促进孕妈妈肠蠕动。

第223天 牛肉鸡蛋粥

搭配 ○ 西葫芦饼　　○ 凉拌菠菜
　　○ 海参豆腐煲　○ 火龙果

应选择肥瘦相间、指头按压有弹性、颜色红润自然的新鲜牛肉。

原料： 牛里脊肉 20 克，鸡蛋 1 个，大米 150 克，葱花、料酒、盐各适量。

做法： ①牛里脊肉洗净，切块，用料酒、盐腌制 20 分钟；鸡蛋打散；大米洗净，浸泡 30 分钟。②将大米放入锅中，加清水，大火煮沸，放入牛里脊肉，同煮至熟，淋入蛋液稍煮，撒上葱花搅匀即可。

■ **补妈妈壮宝宝：** 补充蛋白质、铁等营养功效。

第224天 青蛤豆腐汤

搭配 ○ 米饭　　　　○ 素拌香菜
　　○ 砂锅焖牛肉　○ 坚果

豆腐有"植物肉"的美称，因其富含优质蛋白质。

原料： 青蛤 200 克，豆腐 150 克，青菜 50 克，盐适量。

做法： ①豆腐洗净切片；青菜洗净切丝；青蛤去壳，泡洗干净。②炒锅添水烧开，放入豆腐片、青菜烧开，再放入盐、青蛤煮 5 分钟即可。

■ **补妈妈壮宝宝：** 这道汤富含维生素和矿物质，是孕期的一道理想营养汤。

孕9月

加餐以蔬果为主

在这个月，孕妈妈的胃部仍会有挤压感，影响食欲，每餐可能进食不多。此时可以采取少食多餐的方式，中间加餐以水果和蔬菜为主，让营养更容易被身体吸收，还能防止便秘。

孕9月 宜不宜速查

这个月，孕妈妈可以为分娩做准备了，饮食一方面要为自身提供足够的能量，另一方面还要让胎宝宝储备充足营养，保证胎宝宝的体重适宜。出生体重过高或过低，均会影响宝宝的生存质量。

宜

● 胎宝宝体内的钙有一半是在最后两个月储存的，所以在这最后的时刻，孕妈妈要保证补充足够的钙。

● 随着腹部不断变大，消化功能继续减退，更容易引起便秘，所以孕妈妈要多吃些薯类及富含膳食纤维的蔬菜。

● 这个月，孕妈妈适当吃一些淡水鱼，可以促进乳汁分泌，为出生后的宝宝提供充足的初乳。

● 沉重的身体加重了腿部肌肉的负担，孕妈妈睡觉前可以按摩腿部，有利于减少腿部抽筋和疼痛。

● 孕妈妈最好剪个清爽易梳理的短发，因为产后4周内出汗量非常大，长发不易打理。

不宜

● 尿频严重时会影响孕妈妈睡眠质量，孕妈妈临睡前尽量不要喝过多的水或汤。

● 胎宝宝的肝脏以每天5毫克的速度储存铁，如果此时铁摄入不足，会影响胎宝宝体内铁的存储，出生后容易患缺铁性贫血。

● 孕妈妈的子宫已经下降，子宫口逐渐张开，如果这时进行性生活，羊水感染的可能性较大，可能会造成胎膜早破和早产。

● 如果便秘情况严重，孕妈妈一定要在医生的指导下服用药物。

● 孕妈妈要避免看一些紧张、惊悚的刺激性节目，以免引起精神高度紧张，对妊娠安全不利。

关注体重变化

发育到孕9个月末的时候，胎宝宝大约有45厘米长，2 300克重了，像一个小西瓜。此时，孕妈妈的体重以每周约500克的速度增长，几乎有一半重量长在了胎宝宝身上。本月末，孕妈妈已增重11~13千克。

孕9月 饮食营养全知道

进入孕9月，胎宝宝生长的速度依旧不慢，且个头越来越大，孕妈妈的内脏会受到压迫。因此，孕妈妈可选择一些体积小、营养价值高的食物，如炖牛肉丁、坚果等，尽量做到少食多餐，以减轻胃部的负担。

保质保量补充蛋白质

胎宝宝处于生长发育特别旺盛的时期，需要的蛋白质相对较多。长期缺乏蛋白质，胎宝宝出生时可能体重过轻，生长发育迟缓，甚至影响智力发育。

含蛋白质多的食物有：牛奶、鸡蛋、鸡肉、牛肉、猪肉、羊肉、鸭肉、黄鳝、虾、鱼等，这些食物都含有优质蛋白质。植物中蛋白质含量较高的是大豆，其次是大麦和米，花生、核桃、葵花子、西瓜子也含有较多蛋白质。

孕晚期除了保证饮食的多样性之外，还要注意补充充足的蛋白质。

继续补钙、铁、锌

胎宝宝体内的钙有一半是孕期最后两个月储存起来的，因此，孕妈妈一定要多吃一些含钙丰富的食物，如虾皮、牛奶等。

铁摄入不足，胎宝宝出生后易患缺铁性贫血，所以孕妈妈需要多吃一些含铁的食物，如猪肝、鸡肝、鸭血等。

孕妈妈缺锌容易导致难产，推荐补锌的途径选食补，要注意调整膳食结构，不偏食。孕妈妈适当多吃富含锌的食物，如牡蛎、鱼、瘦肉、花生、芝麻、大豆、核桃和粗粮、蛋类、奶类等。

产前吃鱼好处多

孕妈妈吃鱼越多，怀孕足月的可能性越大，出生的婴儿也会比一般婴儿更健康、更精神。另外，鱼肉组织柔软细嫩，易消化，可以减轻孕晚期孕妈妈的肠胃负担。

小心应对高危妊娠

保持营养均衡：凡营养不良、贫血的孕妈妈分娩的新生儿，其体重比正常者轻，所以孕期保证营养非常重要。对伴有胎盘功能减退、胎宝宝宫内生长迟缓的孕妈妈，应给予高蛋白、高能量的饮食，并补充足量的维生素和钙、铁等。

卧床休息：可改善孕妈妈子宫胎盘的血液循环，减少水肿和妊娠对心血管系统造成的负担。

改善胎宝宝的氧供给：给胎盘功能减退的孕妈妈定时吸氧，每日3次，每次30分钟。

预防感冒，可喝汤饮

这个时候，孕妈妈要积极预防感冒，避免接触家中感冒者使用的餐具，只要家中有人感冒，孕妈妈就要戴口罩。已经感冒的孕妈妈，可以喝一些食疗汤饮，喝完之后盖上被子，微微出点汗，睡上一觉，有助于降低体温，缓解头痛、身痛。

多摄入膳食纤维

多吃富含膳食纤维的食物，如芹菜、苹果、桃子，以及全谷类及其制品，如燕麦、玉米、糙米、全麦面包等，摄入足够的水分，如多吃含水分多的蔬菜、水果，以缓解便秘带来的不适。

慎吃熏烤食物

熏烤食物通常是用木材、煤炭做燃料熏烤而成的，在熏烤过程中，燃料会散发出苯并芘，污染被熏烤食物。苯并芘是强致癌物，所以孕妈妈为了自己的身体和胎宝宝的健康，应尽量不吃熏烤食物。

适量饮水

由于孕妈妈胃部容纳食物的空间不多，所以不要一次性地大量饮水，以免影响进食的量。另外，孕妈妈还要继续控制盐的摄入量，减轻水肿。

不要盲目减肥

很多孕妈妈在这个时候发现自己体重超标，便采用克制进食量的方法来控制体重，这样做有害无益。积极咨询医生和营养师，根据自己的情况制定出合适的食谱，并严格执行，才是科学可靠的方法。

周一

一日餐单

- 早餐：牛奶 + 鸡蛋 + 凉拌土豆丝 + 素包子
- 午餐：米饭 + 桂花糯米藕 + 豌豆炒三丁
- 晚餐：花卷 + 煮豆腐 + 胭脂冬瓜球
- 加餐：苹果 + 葵花子

桂花糯米藕
软糯香甜

周二

一日餐单

- 早餐：绿豆荞麦奶糊 + 鸡蛋
- 午餐：二米饭 + 鲜蔬小炒肉 + 三文鱼豆腐汤
- 晚餐：紫米饭 + 五花肉焖扁豆 + 麻酱素什锦
- 加餐：橙子 + 全麦面包

芝麻拌菠菜
补充
胡萝卜素、铁

周日

一日餐单

- 早餐：鸡蛋 + 面包
- 午餐：滑嫩玉米羹 + 芝麻拌菠菜 + 牛奶浸白菜
- 晚餐：黑参粥 + 煎鳕鱼 + 香椿核桃仁
- 加餐：冬枣苹果汁 + 松仁

周六

一日餐单

- 早餐：小米粥 + 全麦面包
- 午餐：杂蔬香肠饭 + 清蒸茄丝 + 紫菜汤
- 晚餐：玉米面发糕 + 红枣炖鲤鱼 + 西红柿炒鹅蛋
- 加餐：酸奶 + 面包 + 核桃

鲜蔬小炒肉
富含矿物质

周三

一日餐单

- 早餐：豆浆 + 花卷 + 小黄瓜
- 午餐：米饭 + 香菇炒菜花 + 芦笋炒虾球
- 晚餐：风味卷饼 + 芝麻茼蒿 + 蛋黄莲子汤
- 加餐：核桃牛奶粥

周四

一日餐单

- 早餐：苹果红薯泥 + 韭菜合子
- 午餐：米饭 + 胡萝卜炖牛肉 + 金钩芹菜
- 晚餐：荞麦面 + 凉拌空心菜 + 西红柿蒸蛋
- 加餐：酸奶 + 火龙果

三明治
富含蛋白质

周五

一日餐单

- 早餐：牛奶 + 三明治 + 葡萄
- 午餐：无花果粥 + 拌金针菇 + 西芹炒百合
- 晚餐：米饭 + 豆腐炖油菜心 + 孜然鱿鱼
- 加餐：牛奶 + 麦麸饼干

孕9月
一周营养食谱推荐

胎宝宝寄语：我已经是一个圆滚滚的胖娃娃了。

皮肤粉粉的，非常漂亮，妈妈是不是特别想见到我，把我抱在怀里？妈妈不要着急，让我们一起耐心等待"瓜熟蒂落"的时刻。在这个月里，我还会一直增重，练习呼吸，为适应子宫外的生活做准备。

孕 9 月 营养食谱

▶ **理智进食，合理增重**

🍴 第 225 天 清炒空心菜

- ○ 米饭
- ○ 鲜香肉蛋羹
- ○ 韭菜炒虾仁
- ○ 松仁

原料： 空心菜 200 克，葱末、蒜末、香油、盐各适量。

做法： ①空心菜洗净，切段，备用。②锅中倒油，烧至七成热，放入葱末、蒜末炒香，再放入空心菜段，炒至断生，加香油、盐调味，即可。

■ **补妈妈壮宝宝：** 空心菜具有洁齿、除口臭的功效。

换食材不减营养：可将空心菜换成茼蒿、油菜等。

🍴 第 226 天 爽口圆白菜

- ○ 虾仁粥
- ○ 玉米青豆羹
- ○ 百合炒肉
- ○ 雪梨

原料： 圆白菜 200 克，姜末、蒜末、香油、盐各适量。

做法： ①圆白菜洗净去老茎，切菱形片。②锅中放油烧至八成热，入姜末、蒜末爆香。③放入圆白菜大火快炒至断生，出锅前放盐，盛入盘中，淋入香油即可。

■ **补妈妈壮宝宝：** 圆白菜含 B 族维生素较多，还富含叶酸，怀孕期间可适当多吃。

圆白菜热量较低，适合孕晚期的妈妈食用。

这个月主要是为分娩做准备，为身体提供足够的能量，另外还要保证胎宝宝的营养需求，但不可吃太多，少食多餐，营养均衡、全面，仍然是需遵循的饮食原则。这个月末，孕妈妈的体重增长已达到最高峰，比怀孕前增重 12 千克左右。

🍴 第 227 天 椒盐排骨

搭配　○ 鱼头豆腐汤　　○ 鲜虾卷
　　　　○ 银耳豆苗　　　○ 核桃

椒盐中花椒具有温中散寒、除湿止痛的功效。

原料：排骨 500 克，青椒丝 50 克，鸡蛋 1 个，酱油、白糖、水淀粉、蒜瓣、姜丝、椒盐各适量。

做法：①排骨洗净斩块，倒酱油、少许白糖、水淀粉，放蒜瓣，腌 2 小时。②鸡蛋打散，加水淀粉拌匀成糊；锅中倒油，将排骨在鸡蛋糊中裹一下后油炸，沥油捞起。③将姜丝和青椒丝煸香，放炸好的排骨，加椒盐翻炒即可。

■ 补妈妈壮宝宝：味道鲜美，营养丰富。

本月必吃助孕食材：西葫芦

西葫芦中的维生素含量丰富，其含有的维生素 B_1 是人体内物质与能量代谢的关键物质，具有调节神经系统生理活动的作用。丰富的维生素 B_1 还能使胎宝宝更健壮。

西葫芦可缓解水肿、腹胀、疮毒等症状。

孕晚期不要天天喝浓汤

孕晚期不要天天喝浓汤，即脂肪含量很高的汤，如猪蹄汤、鸡汤等，因为过多的高脂食物不仅让孕妈妈身体发胖，也会导致胎宝宝过大，给顺利分娩造成困难。比较适宜的汤是富含蛋白质、维生素、钙、磷、铁、锌等营养素的清汤，如瘦肉汤、蔬菜汤、蛋花汤、鲜鱼汤等，而且要保证汤和肉一起吃，这样才能真正摄取到营养。

第 228 天 三丝木耳

搭配
- ○ 糯米团子
- ○ 清蒸鲫鱼
- ○ 芝麻拌菠菜
- ○ 香蕉

原料: 木耳丝 30 克, 猪肉丝、彩椒丝各 100 克, 葱末、盐、酱油、淀粉各适量。

做法: ①猪肉丝加酱油、淀粉腌 15 分钟。②葱末炝锅, 放入猪肉丝快速翻炒, 放盐, 再将木耳丝、彩椒丝一同放入炒熟即可。

■补妈妈壮宝宝: 孕妈妈常吃木耳可清除体内毒素, 养血驻颜。

彩椒丝中富含维生素C。

 第 229 天 素炒三鲜

搭配
- ○ 什锦炒饭
- ○ 银耳羹
- ○ 凉拌苦瓜
- ○ 清蒸大虾

原料: 茄子 150 克, 土豆、黄甜椒、红甜椒各 80 克, 姜丝、盐各适量。

做法: ①土豆洗净, 去皮, 切片; 茄子洗净, 切长条; 黄甜椒、红甜椒洗净, 去子, 均切小块, 备用。②油锅烧热, 放入土豆片, 炸至金黄色, 捞出, 再放入茄子条炸软, 捞出控油, 备用。③锅中留油, 加入姜丝爆香, 倒入黄甜椒块、红甜椒块、土豆片与茄子条炒熟, 加盐炒匀, 即可。

■补妈妈壮宝宝: 此菜富含维生素 C, 能够预防孕妈妈感冒。

茄子皮中富含膳食纤维, 可助孕妈妈排便顺畅。

🍴 第230天 蒜醋黄瓜片

搭配 ○ 米饭 ○ 油烹茄条
○ 醋熘土豆丝 ○ 开心果

凉拌菜现拌现吃，可有效避免维生素损失。

原料: 黄瓜 1 根，蒜末、醋、盐各适量。

做法: ①黄瓜洗净，切成薄片，用盐腌制 20 分钟左右。②用冷水冲去黄瓜片表面的盐分，沥干。③将盐、蒜末、醋放入黄瓜片中，搅拌均匀，即可。

■ **补妈妈壮宝宝:** 此菜富含维生素 C、B 族维生素等。

🍴 第231天 炒馒头

搭配 ○ 鸭块白菜 ○ 苹果玉米汤
○ 胡萝卜炒五花肉 ○ 麻酱素什锦

馒头中含有丰富的碳水化合物，可为孕妈妈提供所需能量。

原料: 馒头 100 克，西红柿 50 克，鸡蛋 1 个，木耳 10 克，盐、葱末各适量。

做法: ①馒头切小块；木耳泡发、撕小朵；西红柿洗净切块；鸡蛋打散。②锅加热，刷一点油，馒头块倒入锅中用小火烘，盛出备用。③锅里加油，放木耳翻炒，放鸡蛋液，加西红柿和适量水，最后加盐和馒头块炒匀，撒上葱末。

■ **补妈妈壮宝宝:** 可满足胎宝宝对多种营养素的需要。

🍽 第232天 虾仁油菜

搭配
- ○ 面包
- ○ 抓炒鱼片
- ○ 猪腰枸杞子汤
- ○ 橙子

添食材增营养：加些香菇，其含有的多糖可增强孕妈妈免疫力。

原料：油菜4棵，虾仁3只，盐适量。

做法：①油菜洗净，切成段；虾仁用温水略浸一下，倒出浮起的杂质。②油锅烧热，先焖油菜至半熟，然后把虾仁倒进去同烧至入味，加盐略炒即可。

■ **补妈妈壮宝宝：**油菜中含有大量膳食纤维，能促进肠道蠕动，可预防孕期便秘。

🍽 第233天 清汤羊肉

搭配
- ○ 西葫芦馅饼
- ○ 银耳豆苗
- ○ 玉米青豆羹
- ○ 苹果

白萝卜具有下气、消食的作用。

原料：羊肉200克，白萝卜50克，去皮山药、枸杞子、盐各适量。

做法：①羊肉洗净，切块，余烫后用水洗净；白萝卜、山药洗净，切块。②锅中加水，放入羊肉块，大火煮沸。③加入白萝卜、山药、枸杞子，小火煮至酥烂，用盐调味即可。

■ **补妈妈壮宝宝：**羊肉中锌、硒含量较为丰富，具有滋补强体的作用。

第234天 土豆盐煎牛肉

搭配
○ 香椿蛋炒饭　　○ 大丰收
○ 西芹腰果　　　○ 凉拌藕片

牛肉具有补脾胃、强筋骨的作用。

原料: 牛肉250克,土豆100克,黄椒、红椒各50克,黄豆酱、盐各适量。

做法: ①牛肉洗净,切片,汆水后捞出,加盐略腌。②黄椒、红椒洗净,去子,切片;土豆洗净,去皮,切片。③油锅烧热,倒入腌制好的肉片,煎至表面略硬,盛出,放入适量黄豆酱,腌制入味。④油锅烧热,放入土豆片,炒至金黄,倒入黄椒片、红椒片和肉片,翻炒至熟,即可。

■ **补妈妈壮宝宝:** 此菜香脆咸酥、营养丰富,适合孕妈妈食用。

第235天 肉末炒菠菜

搭配
○ 葫芦馅饼　　　○ 松仁玉米
○ 韭菜虾皮炒鸡蛋　○ 火龙果

菠菜焯烫后能够除掉其涩味。

原料: 猪瘦肉50克,菠菜200克,盐、白糖、香油、淀粉各适量。

做法: ①猪瘦肉剁成末;菠菜切段。②水烧沸后放入菠菜焯至八成熟,捞起沥干水。③将猪瘦肉末用小火翻炒,再加入菠菜段炒匀,放盐和少许白糖调味。④用淀粉勾芡,淋上香油。

■ **补妈妈壮宝宝:** 菠菜与肉类搭配,补充营养的同时还有助于消化。

第 236 天 鸡丝凉面

搭配
○ 醋熘白菜　　○ 里脊肉炒芦笋
○ 咸蛋苦瓜　　○ 酸奶

人见人爱的鸡丝凉面，是一道传统的四川小吃。

原料： 鸡脯肉 30 克，面条 100 克，黄瓜丝 50 克，熟花生碎 20 克，葱段、姜片、蒜末、料酒、生抽、花椒油、芝麻酱、醋、盐各适量。

做法： ①鸡脯肉洗净，加水、葱段、姜片、蒜末、料酒，大火煮熟，捞出凉凉，撕细丝。②黄瓜丝、鸡脯肉丝、熟花生碎和所有调味料放碗中，调酱汁。③面条煮熟，过凉水，浇上酱汁。

■ **补妈妈壮宝宝：** 没胃口的孕妈妈可以吃碗鸡丝凉面。

 第 237~238 天 熘肝尖

搭配
○ 土豆炖牛肉　　○ 什锦西蓝花
○ 山药牛奶汁　　○ 橙子

此道菜烹饪时火要大，速度要快，否则会影响猪肝的口感。

原料： 鲜猪肝 300 克，胡萝卜片、黄瓜片、红椒片、酱油、醋、盐、白糖、葱姜末、蒜片、淀粉各适量。

做法： ①猪肝切片加盐、淀粉、水抓匀；醋、酱油、少许白糖、淀粉调芡汁。②用葱姜末、蒜片炝锅，放备好的蔬菜煸炒；放猪肝片，倒芡汁，炒熟。

■ **补妈妈壮宝宝：** 可调节和改善造血系统的生理功能。

第 239 天 香椿苗拌核桃仁

搭配
○ 牛奶　　　　○ 全麦面包
○ 青椒炒鸭血　○ 樱桃

鲜嫩的香椿苗搭配香脆的核桃仁,清新可口。

原料: 香椿苗 250 克,核桃仁 50 克,白糖、醋、香油、盐各适量。

做法: ①香椿苗去根,洗净,用淡盐水浸一下。②核桃仁掰碎,用淡盐水浸一下。③从淡盐水中取出香椿苗和核桃仁碎,加少许白糖、醋、香油、盐搅拌均匀即可。

■**补妈妈壮宝宝:** 香椿苗拌核桃仁有助于增强孕妈妈机体免疫功能,促进胎宝宝神经系统发育。

第 240 天 家庭三明治

搭配
○ 鱼头泡饼　　○ 香菇油菜
○ 奶汁烩生菜　○ 菠菜炒鸡蛋

吐司片稍微用烤箱烤一下,味道更好。

原料: 鸡蛋 1 个,吐司 2 片,沙拉酱 30 克,黄瓜片、方火腿各 50 克。

做法: ①方火腿切片;鸡蛋煮熟,去壳切片;吐司切三角形。②取一片吐司,铺一层火腿片,涂一层沙拉酱,盖上一片吐司,再摆上黄瓜片,把一片吐司盖在上面。③再把鸡蛋放吐司上,刷一层沙拉酱,最后放上一片吐司。

■**补妈妈壮宝宝:** 可以搭配一些蔬果,营养功效更充足。

🍴 第 241 天 肉泥洋葱饼

搭配
- ○ 红烧排骨
- ○ 清炒茼蒿
- ○ 奶汁烩生菜
- ○ 松仁

换食材不减营养: 可将洋葱换成菠菜、西葫芦等。

原料: 洋葱 80 克, 面粉 80 克, 猪瘦肉 100 克, 鸡蛋 2 个, 葱末、水淀粉、姜汁、盐各适量。

做法: ①猪瘦肉洗净, 剁成泥, 加水淀粉、姜汁、盐, 搅拌成肉馅, 腌 10 分钟左右。②鸡蛋磕入碗中, 搅成蛋液, 备用。③洋葱洗净, 切成末, 同蛋液、葱末、面粉倒入肉馅中, 搅拌成面糊。④油锅烧热, 倒入面糊, 转小火摊至两面均熟透, 即可。

■ 补妈妈壮宝宝: 洋葱富含膳食纤维, 能够促进孕妈妈肠道蠕动。

🍴 第 242 天 肉片炒蘑菇

搭配
- ○ 虾肉粥
- ○ 面条
- ○ 牙签肉
- ○ 蔬果汁

换食材不减营养: 可将鸡胸肉换成鱼肉片。

原料: 鸡胸肉、蘑菇各 100 克, 青椒 1 个, 盐、高汤、香油各适量。

做法: ①将鸡胸肉、蘑菇、青椒切薄片。②油锅烧热, 鸡肉片用小火煸炒, 放入蘑菇、青椒, 改大火翻炒。③加盐、高汤、香油翻炒一下即可。

■ 补妈妈壮宝宝: 此菜含有丰富的 B 族维生素、脂肪、矿物质等, 可为孕妈妈和胎宝宝提供充足营养。

第 243 天 凉拌菠菜

搭配
- ○ 糯米团子
- ○ 清蒸鲫鱼
- ○ 芝麻拌木耳
- ○ 葱香白萝卜

菠菜中含有草酸，会干扰钙、铁等矿物质的吸收，所以食用前最好先焯烫一下。

原料： 菠菜 200 克，蒜末、生抽、香油、盐各适量。

做法： ①菠菜择洗干净，放入沸水锅中，焯水 30 秒，捞出，切段，待用。②将菠菜段放入大碗中，加入适量蒜末、香油、生抽、盐，搅拌均匀，即可。

■ **补妈妈壮宝宝：** 菠菜富含膳食纤维、胡萝卜素等营养成分。

第 244 天 西红柿炒鸡蛋

搭配
- ○ 米饭
- ○ 苹果玉米汤
- ○ 干煸菜花
- ○ 雪梨

炒好要趁热吃，放凉会影响口感。

原料： 西红柿 150 克，鸡蛋 2 个，白糖、盐各适量。

做法： ①鸡蛋磕入碗中，加入少许盐和水，搅拌成蛋液；西红柿洗净，切成块，待用。②油锅烧热，倒入蛋液，待凝固后搅散，盛出，待用。③锅中留油，放入西红柿块，翻炒至出汁，然后放入少许白糖、鸡蛋块，翻炒收汁，最后加盐翻炒调味，即可。

■ **补妈妈壮宝宝：** 鸡蛋可为孕妈妈提供所需多种营养，搭配西红柿更可口。

🍽 第245天 滑嫩玉米羹

搭配　○ 糙米饭　　　○ 六合菜
　　　○ 菠菜粉丝　　○ 坚果

玉米搭配鸡蛋营养更丰富。

原料： 玉米粒 100 克，鸡蛋 2 个，葱末、白糖、盐各适量。

做法： ①鸡蛋打散，备用。②玉米粒用搅拌机打成玉米蓉，放锅中，加水，大火煮沸，转小火煮 20 分钟。③慢慢淋入蛋液，不停搅拌，大火煮沸后加葱末、少许白糖、盐调味。

■ **补妈妈壮宝宝：** 可缓解便秘症状，孕妈妈可多吃些。

🍽 第246天 三丁豆腐羹

搭配　○ 韭菜虾皮炒鸡蛋　○ 粳米红枣粥
　　　○ 凉拌空心菜　　　○ 熘肝尖

可选择南豆腐做此菜。

原料： 豆腐 100 克，鸡胸肉、西红柿各 50 克，豌豆 20 克，盐、香油各适量。

做法： ①豆腐切成块，在沸水中煮 1 分钟；鸡胸肉洗净，西红柿洗净、去皮，都切成小丁。②将豆腐块、鸡肉丁、西红柿丁、洗净的豌豆放入锅中，加水大火煮沸后，转小火煮 20 分钟，出锅时加入盐，淋上香油即可。

■ **补妈妈壮宝宝：** 有助于胎宝宝骨骼、牙齿的快速发育。

🍴 第 247 天 鳕鱼香菇菜粥

搭配
- ○ 牛肉饼
- ○ 素炒木樨
- ○ 金针菇拌肚丝
- ○ 酸奶

香菇中含有的多糖物质，能够提升孕妈妈机体免疫力。

原料: 鳕鱼 100 克，鲜香菇 50 克，菠菜 30 克，大米 50 克。

做法: ①鲜香菇与菠菜洗净，切碎。②鳕鱼洗净，去刺，蒸熟，碾成泥。③大米洗净，放入锅中，加水煮成粥，加入香菇碎煮 10 分钟，再加入鳕鱼泥、菠菜碎，煮沸，即可。

■ **补妈妈壮宝宝:** 鳕鱼中富含 DHA，能够促进胎宝宝大脑发育。

🍴 第 248 天 素炒豆苗

搭配
- ○ 什锦炒饭
- ○ 干煸菜花
- ○ 凉拌苦瓜
- ○ 坚果

豆苗味道清香、质柔嫩、滑润适口。

原料: 豆苗 300 克，高汤、白糖、盐各适量。

做法: ①将豆苗洗净，捞出沥水。②油锅烧热，放入豆苗迅速翻炒，再放盐、少许白糖，加入高汤，翻炒至熟即可。

■ **补妈妈壮宝宝:** 此菜清淡爽口，孕妈妈食用可以增加维生素的摄入。

🍴 第 249 天 山药黑芝麻糊

搭配
○ 糙米饭　　　○ 莴苣肉片
○ 凉拌菠菜　　○ 酸奶

黑芝麻具有补脑益智的作用。

原料：黑芝麻粉 100 克，山药 100 克，黑芝麻粒适量。

做法：①山药洗净去皮切片，蒸熟后碾成泥。②取适量开水倒入黑芝麻粉内，搅拌成黑芝麻糊。③将山药泥加入黑芝麻糊中，拌匀，最后加少许黑芝麻粒即可。

■ **补妈妈壮宝宝：**山药富含多种维生素，可促进胎宝宝的健康发育。

🍴 第 250 天 杂蔬香肠饭

搭配
○ 金钩芹菜　　○ 虾肉冬瓜汤
○ 红烧排骨　　○ 苹果

原料：大米 100 克，香肠丁、玉米粒各 30 克，豌豆、胡萝卜丁、白胡椒粉、香油、盐各适量。

做法：①大米洗净，和香肠丁、胡萝卜丁、玉米粒和豌豆放入电饭锅中，加适量水，煮熟。②米饭煮熟后，向锅中加盐、白胡椒粉、香油拌匀调味即可。

■ **补妈妈壮宝宝：**咸香可口，但不要吃太多，以免加重水肿。

添食材增营养：还可以加土豆、香菇等蔬菜一起焖，营养更丰富。

第 251 天 荞麦土豆饼

搭配
- 羊肝胡萝卜粥
- 蚕豆炒鸡蛋
- 芦笋炒虾球
- 坚果

换食材不减营养：西蓝花可换为菜花，营养同样丰富。

原料：荞麦粉、面粉各 60 克，西蓝花、土豆各 40 克，配方奶 100 毫升。

做法：①土豆洗净，去皮切片，上锅蒸熟后捣成泥。②西蓝花洗净，放入开水锅中焯烫 1 分钟，捞出，切碎，待用。③将所有食材放在一起，加适量水搅拌成较为黏稠的面糊，然后倒入不粘锅中，煎成小饼，即可。

■ **补妈妈壮宝宝**：荞麦富含膳食纤维，能够促进孕妈妈肠道蠕动，预防便秘。

第 252 天 三鲜汤面

搭配
- 香椿蛋炒饭
- 大丰收
- 丝瓜虾仁
- 蔬果汁

海参高蛋白、低脂肪、低糖，且富含多种人体必需氨基酸。

原料：面条 100 克，海参、鸡肉各 10 克，虾肉 20 克，香菇 20 克，盐、料酒各适量。

做法：①虾肉、鸡肉、海参洗净，切薄片；香菇洗净，切丝。②面条煮熟，盛入碗中。③油锅烧热，放虾肉、鸡肉、海参、香菇丝翻炒，变色后放入料酒和适量水，烧开后加盐调味，浇在面条上。

■ **补妈妈壮宝宝**：有利于在产前补充能量。

孕10月
补维生素 B_{12} 和维生素 K

孕妈妈适量吃一些动物性食品，如牛肝、牛肾、猪心、鸡肉等，能够补充维生素 B_{12}，促进红细胞生成，维持神经髓鞘的代谢，降低胎宝宝的畸变率。同时，孕妈妈还要补充维生素 K，可以预防产后出血，增加母乳中维生素 K 的含量。富含维生素 K 的食物包括菜花、白菜、菠菜、干酪、肝脏和谷类食物等，必要时，孕妈妈可以在医生的指导下口服维生素 K 制剂。

孕 10 月 宜不宜速查

这个月，孕妈妈要坚持清淡饮食，多吃易于消化的食物，保持好心情，坚持合理的饮食，静心期待宝宝的降临吧！

宜

- 孕妈妈可适当吃豆类、糙米、牛奶、动物内脏，可以补充维生素 B_1，避免产程延长。
- 在临近预产期的前几天，孕妈妈要适当吃一些热量比较高的食物，为分娩储备足够的体力。
- 新生儿极易缺乏维生素 K，所以孕晚期，孕妈妈可以多吃一些菜花、紫甘蓝、麦片和全麦面包来帮助胎宝宝获得维生素 K。
- 为了保证胎宝宝出生后的营养供应，不爱喝汤的孕妈妈也要喝一些能催奶的汤，如鲫鱼汤、猪蹄汤等。
- 当胎头下降压迫到直肠会有很强的便意，此时要尽快到医院待产。如果出现破水，则要立即入院。

不宜

- 这个月即使胃口很好，也不能吃得过多，避免因为胎宝宝过大和孕妈妈体重过重带来不良影响。
- 本月孕妈妈肚子已经很大，难免身体疲惫，但是不要想睡就睡，应尽量养成良好的作息习惯，这样也有利于胎宝宝出生后良好生活习惯的养成。
- 孕妈妈吃不好、睡不好、紧张焦虑，容易导致疲劳，可能引起宫缩乏力、难产、产后出血等危险情况。
- 因为随时都有临产可能，孕妈妈要避免一个人在外面走得太远，最好在家附近活动。
- 分娩是正常的生理过程，不要紧张、焦虑，分娩前少听一些不利于生产的话题，减少不必要的心理负担和心理暗示。

关注体重变化

胎宝宝现在身长约 50 厘米，体重约 3 200 克，有两个哈密瓜那么重了。一般来说，增重 11~14 千克对于孕妈妈和胎宝宝是个相对安全和健康的数字，如果孕妈妈在怀孕前体重过轻，一般会比正常的孕妈妈增长更多的体重。

孕10月 饮食营养全知道

在这个月，孕妈妈的饮食要保持清淡，每天盐的摄入量控制在 6 克以下。在食物的选择上，孕妈妈要吃一些容易消化的，对生产有补益作用的食物，如紫甘蓝、香瓜、麦片、糙米、牛奶、动物内脏和豆类等，同时，适当限制甜食、肥肉、食用油的摄入。

保证优质能量的摄入

应该多吃一些优质蛋白质，比如鱼、虾类的食物，也可以在日常饮食里增加瘦肉类和大豆类食物；要多吃新鲜蔬菜和水果，保证摄入充足的维生素。在临近预产期的前几天，适当吃一些热量比较高的食物，为分娩储备足够的体力。

补充维生素 B_1

维生素 B_1 有助于避免产程延长、分娩困难。最后一个月里，必须补充各类维生素和足够的铁、钙，以及充足的水溶性维生素，尤其是维生素 B_1。如果维生素 B_1 摄入不足，容易引起孕妈妈呕吐、倦怠、体乏，还会影响分娩时子宫收缩，使产程延长，分娩困难。

饮食清淡，预防水肿

此时饮食以清淡为主，勿摄入过多盐分，以免加重四肢水肿，引发妊娠高血压。除了继续坚持与怀孕早、中期一样的均衡饮食外，还要适当多吃蔬菜，避免便秘。有些孕妈妈此时仍然食欲不错，可以少食多餐，但切忌吃太多糕饼、甜食，造成产后身材恢复困难。

产前可吃巧克力

孕妈妈在产前吃巧克力，可以缓解紧张，促进积极情绪。另外，巧克力可以为孕妈妈提供足够的热量。整个分娩过程一般要经历 12~18 个小时，这么长的时间需要消耗很大的能量，而巧克力被誉为"助产大力士"，因此，临近分娩的孕妈妈应准备一些优质巧克力，随时补充能量。

巧克力中含有大量的碳水化合物，能很快地被孕妈妈吸收，并转化成能量。

这碗西红柿肉末鸡蛋面富含碳水化合物，能迅速为孕妈妈补充能量。

适当增加健康零食与夜餐

孕妈妈生产需要大量能量，临近生产的孕10月可适当添加零食与夜餐，用以增加体力。零食可选择饼干、核桃仁、水果与牛奶等；夜餐最好选择一些容易消化的食物，如鱼肉、少糖或无糖点心、蛋羹等。

剖宫产前要禁食

如果是有计划实施剖宫产，手术前就要做一系列检查，以确定孕妈妈和胎宝宝的健康状况。手术前一天，晚餐要清淡，午夜12点以后不要吃东西，以保证肠道清洁，减少术中感染。手术前6~8小时不要喝水，以免麻醉后呕吐，引起误吸。手术前注意保持身体健康，避免患上呼吸道感染等发热的疾病。

临产前保证高能量

孕妈妈营养要均衡，体重以每周增长300克左右为宜。在临近预产期的前几天，适当吃一些热量比较高的食物，为分娩储备足够的体力。选择顺产的孕妈妈在分娩当天应该选择能够快速吸收、消化的高糖或淀粉类食物，以快速补充体力，不宜吃油腻、蛋白质过多、难以消化的食物。

剖宫产前不要进补人参

有的孕妈妈在剖宫产之前就进补人参，以增强体质，补元气，应对手术消耗体能。但是，人参中含有人参苷，具有强心、兴奋的作用，会使孕妈妈大脑兴奋，影响手术的顺利进行。另外，食用人参后，会使新妈妈伤口渗血时间延长，不利于伤口的愈合。

周一

一日餐单

- 早餐：牛奶＋全麦面包＋草莓＋鸡蛋
- 午餐：米饭＋农家小炒肉＋虾肉冬瓜汤
- 晚餐：蛤蜊米粥＋拌金针菇
- 加餐：黑豆饮＋麦麸饼干

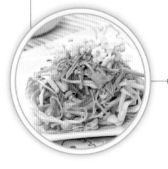

拌金针菇
促进肠道蠕动

周二

一日餐单

- 早餐：核桃仁紫米粥＋包子＋鸡蛋
- 午餐：米饭＋金钩芹菜＋四色什锦菜
- 晚餐：糙米饭＋芦笋炒虾球＋银耳鹌鹑蛋
- 加餐：牛奶＋核桃

西芹腰果
平肝降压

周日

一日餐单

- 早餐：陈皮海带粥＋花卷＋拌土豆丝
- 午餐：豆腐皮粥＋豌豆炒三丁＋西芹腰果
- 晚餐：烧饼＋西红柿蒸蛋＋核桃仁莲藕汤
- 加餐：牛奶＋麦麸饼干

周六

一日餐单

- 早餐：牛奶＋全麦面包＋鸡蛋
- 午餐：米饭＋素拌香菜＋三文鱼腐汤
- 晚餐：燕麦粥＋奶酪手卷＋玉青豆羹
- 加餐：西红柿汁＋全麦面包

金钩芹菜
含有膳食纤维

周三
一日餐单

- 早餐：黑芝麻米糊 + 牛肉饼
- 午餐：牛奶燕麦粥 + 韭菜合子 + 素炒木樨
- 晚餐：米饭 + 麻酱素什锦 + 排骨汤
- 加餐：燕麦山药豆浆 + 葵花子

周四
一日餐单

- 早餐：牛奶 + 三明治 + 圣女果
- 午餐：米饭 + 西红柿南米 + 平菇炒鸡蛋
- 晚餐：六合菜 + 鲜虾卷
- 加餐：酸奶 + 苹果 + 核桃

丝瓜虾仁
补充蛋白质

周五
一日餐单

- 早餐：燕麦山药豆浆 + 包子
- 午餐：米饭 + 丝瓜虾仁 + 芝麻圆白菜
- 晚餐：花卷 + 五色沙拉 + 里脊肉炒芦笋
- 加餐：牛奶

孕 10 月
一周营养食谱推荐

胎宝宝寄语：在这最后一个月里，我还需要继续生长。

为了能够独立地适应子宫外面的生活，我还在努力地长高、长壮。现在我还要依赖妈妈给我输送源源不断的营养，让我长出更多的肌肉和脂肪，变得更强壮。即将离开这个温暖舒适的小房子了，相信外面的世界一定也很精彩。爸爸妈妈，你们做好迎接我的准备了吗？

孕 10 月 营养食谱

▶ 临产前保证高能量

🍴 第 253 天 海米炒洋葱

搭配 ○ 素包子　　　○ 芝麻茼蒿
○ 菠菜炒鸡蛋　○ 牛奶

原料：海米 20 克，洋葱 150 克，姜丝、葱花、盐、酱油、料酒各适量。

做法：①洋葱洗净，切丝。②将料酒、酱油、盐、姜丝放碗中调成汁。③油锅中放入洋葱丝、海米翻炒，并加入调味汁炒至洋葱绵软，出锅撒上葱花即可。

■ **补妈妈壮宝宝：**增进食欲促消化，控制血糖，很适合患有妊娠糖尿病的孕妈妈食用。

海米中含有丰富的蛋白质、钙、磷等营养素。

🍴 第 254 天 山药香菇鸡

 搭配 ○ 豆沙包　　　○ 豆腐皮粥
○ 五色沙拉　　○ 西芹腰果

原料：山药片 100 克，鸡腿 150 克，胡萝卜片、干香菇各 50 克，盐、白糖、料酒、酱油各适量。

做法：①干香菇泡软，去蒂，切十字花刀。②鸡腿剁小块，汆水沥干。③鸡腿放锅内，加原料中调味料和水，放香菇同煮。④ 10 分钟后，放胡萝卜片、山药片，煮至山药片熟透。

■ **补妈妈壮宝宝：**山药含有淀粉酶、多酚氧化酶，有利于脾胃消化吸收。

孕期血糖较高的孕妈妈可以选择不放糖。

孕妈妈需要做到膳食多样化，扩大营养素来源，同时要少食多餐，只有这样，才能既保证了胎宝宝的营养，又能减轻孕妈妈的胃肠负担，增加生产时的体能。另外，也可以在临产前吃一些巧克力等高能量食物，用以增加体能。

第255天 养胃粥

搭配
- 全麦面包
- 莴苣肉片
- 菠菜粉丝
- 鸡蛋

如果孕妈妈不是很怕苦，可留莲子心，它具有清心安神的作用。

原料： 大米 150 克，红枣 5 颗，莲子 20 克。

做法： ①大米淘洗干净；红枣洗净；莲子用温水泡软，去心。②将大米、红枣、莲子放入锅内，加适量清水，大火煮开，转小火熬煮成粥。

■ **补妈妈壮宝宝：** 此粥富含丰富的碳水化合物，养胃健脾，且营养功效吸收快，适合孕期食用。

本月必吃助孕食材：瘦肉类

瘦肉类包括禽肉、畜肉、鱼肉，这些肉类中均含有丰富的蛋白质，能够提升孕妈妈的机体免疫力，让孕妈妈健健康康地迎接生产。

鱼肉肉质鲜嫩易消化，适合孕妈妈食用，但尽量选择刺少的鱼，如三文鱼、鳕鱼等。

吃零食可以调节情绪

美国耶鲁大学的心理学家发现，吃零食能够缓解紧张情绪，减少内心冲突。在手拿零食时，零食会通过视觉和手的接触，将一种美好松弛的感受传递到大脑中枢，有利于减轻内心的焦虑和紧张。临近分娩，孕妈妈难免会感到紧张，甚至恐惧，可以试着通过吃点健康零食来缓解压力，如水果、坚果等。

第 256 天 核桃瘦肉汤

搭配
○ 奶汁烩生菜　　○ 香椿炒鸡蛋
○ 凉拌菜　　　　○ 香蕉

添食材增营养：可加些枸杞子、红枣等食材。

原料： 瘦肉 150 克，核桃仁 20 克，盐适量。

做法： ①核桃仁洗净；瘦肉洗净，切成片，备用。②将核桃仁、瘦肉片一同放入锅中，加适量水，小火慢炖至肉熟，加盐调味，即可。

■ **补妈妈壮宝宝：** 核桃具有补脑健脑的作用，可使孕妈妈和胎宝宝的大脑得到滋养。

 第 257 天 芝麻拌芋头

搭配
○ 小米蒸排骨　　○ 麻酱素什锦
○ 烤馒头片　　　○ 苹果

原料： 芋头 300 克，熟白芝麻 25 克，白糖、老抽各适量。

做法： ①芋头去皮，切成小块，将切好的芋头装入蒸盘中，备用。②芋头上蒸锅蒸熟，放凉待用。③取一个大碗，倒入蒸好的芋头，压成泥状，加入少许白糖、老抽，撒上熟白芝麻，搅拌均匀，即可。

■ **补妈妈壮宝宝：** 芋头、芝麻富含植物蛋白，可增强孕妈妈免疫力。

换食材不减营养：芋头可换成山药，山药具有补脾胃、生津的作用。

🍴 第 258 天 蒜蓉蒿子秆

搭配
- ○ 风味卷饼
- ○ 六合菜
- ○ 鸡肝枸杞子汤
- ○ 花生

换食材不减营养：可将蒿子秆换成茼蒿、油麦菜等。

原料： 蒿子秆 200 克，蒜末、香油、盐各适量。

做法： ①蒿子秆去根，洗净切段。②油锅烧热，一半蒜末炒香，下入蒿子秆段，翻炒至熟。③出锅前，加剩余蒜末、香油、盐搅拌均匀即可。

■ **补妈妈壮宝宝：** 蒿子秆能够调节体内水液代谢，通利小便，消除水肿。

🍴 第 259 天 松仁爆鸡丁

搭配
- ○ 牛奶馒头
- ○ 葱香白萝卜
- ○ 豆腐炖油菜心
- ○ 蔬果汁

松仁对胎宝宝脑部发育有益。

原料： 鸡肉 250 克，鸡蛋 1 个，松仁 20 克，核桃仁 20 克，姜末、盐、白糖、料酒各适量。

做法： ①鸡蛋打成蛋液；鸡肉切丁，加盐、料酒、蛋液拌匀。②将鸡丁、核桃仁、松仁分别炒熟。③另起锅，放入姜末，倒入鸡丁、核桃仁、松仁，加盐、料酒、少许白糖，翻炒均匀即可。

■ **补妈妈壮宝宝：** 此菜中富含的 B 族维生素，可为胎宝宝神经系统发育提供必要营养素。

🍴 第 260 天 玉米糊饼

搭配
○ 清炒油麦菜　○ 抓炒鱼片
○ 清蒸鲫鱼　　○ 酸奶

换食材不减营养：可将玉米换成土豆、鸡蛋等。

原料： 玉米粒 100 克，葱花、面粉、盐各适量。

做法： ①将玉米粒洗净用料理机加水打碎，加适量面粉，搅成糊状，之后将葱花和盐放入玉米糊，拌匀。②油锅烧热，倒入玉米糊，煎成薄饼，待两面煎熟，点缀葱花，即可。

■ **补妈妈壮宝宝：** 玉米中富含膳食纤维，有助于预防便秘。

🍴 第 261 天 甜椒炒牛肉

搭配
○ 炒米粉　　　○ 奶汁烩生菜
○ 菠菜炒鸡蛋　○ 坚果

原料： 甜椒丝 200 克，牛里脊肉 100 克，鸡蛋、料酒、水淀粉、姜丝、酱油、高汤、甜面酱、盐各适量。

做法： ①取蛋清备用；酱油、高汤、水淀粉调芡汁。②牛里脊肉洗净、切丝，加盐、蛋清、料酒、水淀粉拌匀。③牛肉丝炒散，放甜面酱、甜椒丝、姜丝炒香，勾芡，翻炒均匀。

■ **补妈妈壮宝宝：** 孕妈妈常吃牛肉可安胎养神。

甜椒颜色好看，且含有多种维生素。

第 262 天 豌豆小米粥

搭配
- ○ 花卷
- ○ 排骨汤
- ○ 香椿核桃仁
- ○ 苹果

换食材不减营养：可将豌豆换成红豆、黑豆。

原料： 嫩豌豆 30 克，小米 50 克，红糖适量。

做法： ①将嫩豌豆、小米用清水洗净，备用。②锅中注入清水，放入小米，煮沸。③改用小火，煮 20 分钟，放入嫩豌豆。④熬煮至豌豆、小米熟烂浓稠，加入少许红糖调味，即可。

■ **补妈妈壮宝宝：** 小米具有健脾和胃的功效；豌豆含有多种维生素。

第 263 天 什锦面

搭配
- ○ 红烧鲤鱼
- ○ 西红柿炒鸡蛋
- ○ 麦香鸡丁
- ○ 蔬果汁

此面食材、营养均比较丰富。

原料： 面条 100 克，肉馅、豆腐丁、胡萝卜丝各 50 克，香菇丝 10 克，鸡蛋 1 个，水发海带 30 克，香油、盐、鸡汤各适量。

做法： ①海带洗净，放入鸡汤中煮熟后备用。②把肉馅加入蛋液后揉成小丸子，开水烫熟。③把面条放入熬好的汤中煮熟，放香菇丝、胡萝卜丝、豆腐丁和小丸子及盐、香油。

■ **补妈妈壮宝宝：** 为孕妈妈补充能量。

第 264 天 银耳羹

搭配
○ 面包　　　　○ 清炒蚕豆
○ 蒜香银鳕鱼　○ 苹果

换食材不减营养：可将黄桃罐头换为新鲜黄桃。

原料： 银耳 20 克，黄桃罐头、草莓、冰糖、淀粉、核桃仁各适量。

做法： ①草莓洗净；黄桃罐头切碎；银耳撕碎。②将银耳放入锅中，加适量清水，用大火烧开，转小火煮 30 分钟，加入少许冰糖、淀粉，稍煮。③加入黄桃罐头、草莓、核桃仁，稍煮即可。

■ **补妈妈壮宝宝：** 银耳羹可以提高孕妈妈免疫力，强健心肺功能。

第 265 天 麦香鸡丁

○ 素包子　　　○ 芥菜干贝汤
○ 西芹腰果　　○ 橙子

鸡丁中含有丰富的蛋白质，适合孕妈妈食用。

原料： 鸡胸肉 150 克，燕麦片 50 克，白胡椒粉、淀粉、盐各适量。

做法： ①鸡胸肉洗净，切丁，加水、淀粉、盐，搅拌上浆备用。②锅中倒油，烧至四成热，放入鸡丁滑炒捞出；烧至六成热，再放入燕麦片，炸至金黄，捞出待用。③锅底留油，倒入鸡丁、燕麦片翻炒，加白胡椒粉、盐调味，炒匀，即可。

■ **补妈妈壮宝宝：** 燕麦中含有丰富的水溶性膳食纤维，能够很好地刺激肠道蠕动、促进消化液分泌，减少便秘。

🍴 第 266 天 五花肉焖扁豆

搭配
○ 饼
○ 鲜肉冬瓜汤
○ 牙签肉
○ 坚果

扁豆含氢氰酸及一些抗营养因子，食前应充分煮熟。

原料： 五花肉 100 克，扁豆段 200 克，葱花、姜末、蒜末、盐、酱油、白糖、高汤各适量。

做法： ①五花肉切片。②锅中放油烧热后，用葱花、姜末炝锅，放肉片煸炒，加酱油，将扁豆放入翻炒。③加盐、少许白糖、高汤，转中火盖盖儿焖至扁豆熟透，出锅前撒上蒜末。

■ 补妈妈壮宝宝：健胃开脾、化湿消肿。

🍴 第 267 天 平菇二米粥

搭配
○ 蒜蓉茄子
○ 奶汁烩生菜
○ 清蒸鲫鱼
○ 凉拌藕片

平菇可促进孕妈妈的新陈代谢。

原料： 大米 40 克，小米 50 克，平菇 40 克。

做法： ①平菇洗净，焯烫后撕片；大米、小米分别淘洗干净。②锅中加适量水，放入大米、小米，大火烧沸后，改小火煮至粥将成，加入平菇煮熟，即可。

■ 补妈妈壮宝宝：此粥能够增强体质、促进睡眠。

🍴 第268天 乌鸡糯米粥

搭配
○ 花卷　　　　○ 土豆炖牛肉
○ 农家小炒肉　○ 西芹腰果

葱白丝有预防感冒的作用。

原料： 乌鸡腿 1 只，糯米 150 克，葱白丝、盐各适量。

做法： ①乌鸡腿洗净，切块，氽水。②乌鸡腿加水熬汤，大火烧开转小火，煮 15 分钟，加糯米，煮开转小火煮。③待糯米煮熟后，再加入盐调味，最后放入葱丝焖一下。

■ **补妈妈壮宝宝：** 脂肪较少，适合孕晚期食用。

🍴 第269天 什锦沙拉

搭配
○ 菠菜炒鸡蛋　○ 葱油萝卜丝
○ 红烧排骨　　○ 核桃

沙拉制作简单，易操作，孕妈妈可以自己做。

原料： 黄瓜丁 200 克，西红柿丁 100 克，芦笋段 50 克，紫甘蓝丝 30 克，沙拉酱、番茄酱各适量。

做法： ①芦笋段焯水，捞出后浸入冷开水中。②将黄瓜丁、西红柿丁、芦笋段、紫甘蓝丝码盘，挤番茄酱和沙拉酱，拌匀。

■ **补妈妈壮宝宝：** 含叶酸和多种维生素，预防妊娠斑。

🍽 第270天 腰果百合炒芹菜

搭配 ○ 韭菜合子　　○ 凉拌素什锦
　　○ 鸡肉扒油菜　○ 苹果

原料： 百合 50 克，芹菜 100 克，红椒片 30 克，腰果 40 克，盐、白糖各适量。

做法： ①百合洗净，切去头尾分开数瓣；芹菜洗净，切段。②锅内放油，开小火，放腰果炸至酥脆捞起放凉。③留底油，放红椒片及芹菜丁，大火翻炒；放百合、盐、少许白糖，翻炒后盛出，撒上腰果。

■ **补妈妈壮宝宝：** 有利于胎宝宝大脑的发育。

百合、芹菜热量不高，适合孕晚期的妈妈食用。

🍽 第271天 五香鲤鱼

搭配 ○ 西葫芦饼　　○ 盐水鸡肝
　　○ 清炒时蔬　　○ 炒鸡蛋

鲤鱼还有利小便、消水肿的作用。

原料： 鲤鱼 1 条，盐、料酒、酱油、葱花、姜片、白糖各适量。

做法： ①鲤鱼处理干净，切块，用盐、料酒、酱油腌制。②将鱼块炸至两面金黄盛出。③将葱花、姜片爆香，倒入鱼块，加水、酱油、少许白糖、料酒，大火煮沸后改小火收干卤汁即可。

■ **补妈妈壮宝宝：** 鲤鱼中含有丰富的蛋白质、B 族维生素等营养成分，有利于胎宝宝骨骼和皮肤的生长。

🍴 第 272~273 天 上汤娃娃菜

搭配
○ 南瓜米糊　　　○ 奶香玉米饼
○ 蒜蓉菜心　　　○ 地三鲜

娃娃菜富含维生素C、B族维生素等营养素。

原料: 娃娃菜 100 克,姜片、鸡汤、盐各适量。

做法: ①娃娃菜洗净,切段。②油锅烧热,爆香姜片,加鸡汤煮开,下娃娃菜段煮熟,加盐调味,挑除姜片,即可。

■ **补妈妈壮宝宝:** 此菜具有清热解毒、养胃生津的作用。

🍴 第 274 天 虾肉冬瓜汤

○ 牛肉饼　　　○ 清炒蚕豆
○ 香菇炖鸡　　　○ 苹果

冬瓜和虾仁搭配,使这碗汤清淡又不失鲜美,补水又营养。

原料: 鲜虾 6 只,冬瓜 150 克,鸡蛋(取蛋清)2 个,姜片、盐、白糖、香油各适量。

做法: ①鲜虾洗净,去虾线,隔水蒸 8 分钟,取出虾肉。②冬瓜洗净,去皮,去瓤,切块,加姜片及适量水煲至熟烂。③放入虾肉,加盐、少许白糖、香油调味,淋入蛋清稍煮即可。

■ **补妈妈壮宝宝:** 虾肉营养素密度高,对胎宝宝和孕妈妈都好;冬瓜本身不含脂肪,热量很低,因此具有很好的减肥效果,对产后恢复很有帮助。

🍴 第275天 海参豆腐煲

搭配　○ 花卷　　　○ 红烧鳝鱼
　　　○ 蚝油草菇　○ 菠菜鱼片汤

原料: 海参100克,猪肉末50克,豆腐块200克,胡萝卜片、黄瓜片、葱段、姜片、酱油、料酒、盐各适量。

做法: ①海参放沸水中加料酒、姜片余水后冲凉切段;放锅中加水,再放葱段、姜片、酱油、料酒、盐煮沸。②猪肉末加盐、酱油、料酒做成丸子和豆腐块与海参同煮,放其他配料,稍煮。

■ **补妈妈壮宝宝:** 能帮助孕妈妈增强免疫力,美容养颜。

豆腐和海参中含有丰富的钙质。

🍴 第276天 西葫芦炒西红柿

搭配　○ 韭菜合子　　○ 玉米青豆羹
　　　○ 五花肉焖扁豆　○ 金钩芹菜

原料: 西葫芦100克,西红柿150克,蒜片、盐各适量。

做法: ①西葫芦洗净,去皮,切片;西红柿洗净,切小块,待用。②锅放油烧热,放入蒜片爆香,放入西红柿块、西葫芦片,翻炒均匀,关火闷2分钟左右,加盐调味,即可。

■ **补妈妈壮宝宝:** 西葫芦含水量高,热量低,并且含钾、维生素A原、维生素K等,特别适合孕妈妈在孕晚期食用。

西红柿能够为孕妈妈补充番茄红素。

🍴 第 277 天 蒜香豆芽

搭配
○ 米饭　　　　○ 香煎豆腐
○ 红烧排骨　　○ 胭脂冬瓜球

原料： 黄豆芽 100 克，胡萝卜 50 克，蒜 2 瓣，香油、醋、酱油、盐、白糖各适量。

做法： ①胡萝卜洗净，切成细丝；黄豆芽洗净备用；黄豆芽和胡萝卜丝分别焯水，凉凉。②蒜剥皮，捣烂制成蒜泥，倒入香油、醋、酱油、少许白糖、盐，拌匀成调味汁，浇在胡萝卜丝和黄豆芽上拌匀即可。

■ **补妈妈壮宝宝：** 富含维生素 B_2，能促进胎宝宝发育。

添食材增营养：可添加些鸡肉丝，荤素搭配，营养更丰富。

🍚 第 278 天 紫菜包饭

搭配
○ 香菇豆腐塔　　○ 凉拌苦瓜
○ 西红柿炖牛腩　　○ 香蕉

紫菜包饭食材丰富，制作简便，做零食和主食都可以。

原料： 米饭 150 克，鸡蛋 1 个，紫菜、黄瓜、沙拉酱、火腿各适量。

做法： ①黄瓜洗净，去皮，切条备用；火腿切成条。②鸡蛋打散摊成饼，切丝。③将米饭平铺在紫菜上，再摆上黄瓜条、鸡蛋丝、火腿条，刷上沙拉酱，卷起，切厚片。

■ **补妈妈壮宝宝：** 紫菜含碘，有助于养护子宫和卵巢。

🍴 第 279 天 冬笋拌豆芽

搭配
○ 西葫芦饼　　○ 鸡脯扒小白菜
○ 鸡蛋什锦沙拉　○ 坚果

原料： 冬笋 250 克，黄豆芽 200 克，熟火腿条 50 克，盐、白糖、香油各适量。

做法： ①黄豆芽焯水，捞出过冷水；将焯好水的冬笋切成丝。②将冬笋丝、豆芽、火腿丝一同放入盘内，加盐、香油、少许白糖拌匀。

■补妈妈壮宝宝： 可为孕妈妈补充维生素。

豆芽的热量低，水分和膳食纤维含量较高，常吃豆芽，有利于瘦身。

🍴 第 280 天 菠菜核桃仁

搭配
○ 面条　　　　○ 西红柿炒鸡蛋
○ 豆浆海鲜汤　○ 苹果

原料： 菠菜 300 克，核桃仁 30 克，枸杞子 5 克，芝麻酱、香油、生抽、香醋、白糖、盐各适量。

做法： ①菠菜洗净，焯水捞出，切段过凉水沥干。②核桃仁切碎；枸杞子洗净。③将芝麻酱、香油、生抽、香醋、少许白糖、盐调匀，制成酱汁；菠菜段加酱汁、核桃仁、枸杞子拌匀。

■补妈妈壮宝宝： 含丰富的矿物质，还可清热通便。

菠菜含有草酸，在吃菠菜前，一定要焯水。

孕期不适，从吃调理

　　脚肿得像馒头一样、大大的黑眼圈、脸上出现了许多斑点……对于孕妈妈来说，40周是一个甜蜜而辛苦的过程。为了胎宝宝，孕妈妈吃尽了苦，又不敢轻易吃药，一切都小心翼翼的。食疗是更好的办法，它在饮食与药品之间达到了平衡，孕妈妈通过食物进行调理，安全又放心。

食欲不振

随着胎宝宝的长大，不少孕妈妈因为肚子鼓鼓胀胀的而感到胃胀，而且闷热、干燥的天气也会影响孕妈妈的食欲。除了少食多餐的方法，孕妈妈可以吃些口感偏酸或含有膳食纤维的食物，如西红柿、橘子、酸枣、玉米、苦瓜等。在餐后半小时以后，孕妈妈可以到外面散散步，或者在室内来回走动，促进消化和排气。

🍴 山药鸡肉粥

原料： 山药、粳米、鸡脯肉各100克，芹菜、盐各适量。

做法： ①山药洗净，去皮，切丁。②芹菜择洗干净，切成小粒，备用。③鸡脯肉洗净，剁碎，备用。④粳米淘洗干净，加适量水熬煮。⑤粥快熟时，放入山药丁、鸡脯肉碎、芹菜粒煮熟，加盐调味即可。

■ **补妈妈壮宝宝：** 山药具有益气养阴、补脾健肾的功效，适合食欲减退、脾胃功能欠佳的孕妈妈食用。

可按照孕妈妈的口味，适当加些胡萝卜或青菜。

🍴 葱香白萝卜

原料： 白萝卜1根，葱花、盐各适量。

做法： ①白萝卜洗净，去皮，切块。②油锅烧热，放入白萝卜块，翻炒几下。③加适量水，小火略煮片刻。④加盐翻炒均匀，撒上葱花，焖煮片刻即可。

■ **补妈妈壮宝宝：** 白萝卜具有促进消化、增强食欲、加快胃肠蠕动、顺气利尿的功效。但很多孕妈妈吃了之后反而会胀气，这是因为白萝卜具有生吃胀气、熟食顺气的特点，因此，孕妈妈一定要注意食用方法，尤其是消化不良的孕妈妈。

白萝卜性寒凉，最好不要和滋补类的食材一起食用。

孕吐严重

早期的孕吐带给孕妈妈的是胎宝宝降临的惊喜与幸福，然而，愈演愈烈的孕吐不但让孕妈妈胃口全无，就连基本的营养摄入都无法达成。针对早上孕吐比较严重的情况，孕妈妈的早餐可以选择一些比较干的食物，如全麦面包、麦麸饼干、强化营养饼干，可以搭配一些蔬果汁。

鲜柠檬汁

原料: 鲜柠檬 1 个，白糖适量。

做法: ①鲜柠檬洗净，去皮，去核，切成小块。②加适量水后，用榨汁机榨汁，加少许白糖调味即可。

■ **补妈妈壮宝宝:** 柠檬有开胃止吐的功效，孕妈妈饮用鲜柠檬汁可以防治孕吐。另外，鲜柠檬切片后直接泡水喝，也有同样的作用。

柠檬能够去除腥味及食物本身的异味，还是万能的调味品。

丁香梨

原料: 梨 500 克，丁香 15 克，冰糖适量。

做法: ①梨洗净，去皮，用竹签扎出 15 个小孔。②将丁香塞入小孔，放入带盖的碗中，再放入蒸笼。③蒸40 分钟后，取出梨，拣去丁香，切块。④锅中烧水，加少许冰糖熬煮成汁，浇在梨块上即可。

■ **补妈妈壮宝宝:** 丁香有行气和胃、降逆止呕的功效，对孕吐有一定的治疗效果。另外，将梨一分为二，去核，放入少许冰糖之后蒸熟，味道也很不错。

梨性偏寒助湿，脾胃虚寒、畏冷的孕妈妈应少吃。

孕期便秘

关于这个问题，孕妈妈会觉得很痛苦。很多孕妈妈喝酸奶、蜂蜜都没有效果，尝试了一些外用药物，但效果一般，还会有依赖性。除了吃富含膳食纤维的食物外，孕妈妈要养成早上空腹喝一杯温开水，晨起或早餐后如厕的习惯，因为早餐后结肠推进动作较为活跃，容易排便，所以早餐后 1 小时左右是适宜的排便时间。

🍴 无花果粥

原料： 无花果 30 克，粳米 50 克，蜂蜜适量。

做法： ①粳米淘洗干净，放入锅中，加适量水熬煮至熟。②然后放入无花果，略煮片刻。③待粥微温后，加少许蜂蜜调味即可。

■ **补妈妈壮宝宝：** 无花果中含有苹果酸、柠檬酸、脂肪酶、蛋白酶、水解酶等，能帮助消化，提升孕妈妈食欲，它还含有多种脂类，具有很好的润肠通便效果。另外，孕妈妈适量吃些无花果，还能够治疗痔疮。

可将新鲜的无花果榨汁饮用，口感甚佳。

🍴 西红柿蜂蜜汁

原料： 西红柿 2 个，蜂蜜适量。

做法： ①西红柿洗净，去蒂，切块。②将西红柿块放入榨汁机中，加适量水搅打均匀。③待西红柿汁微温后，加少许蜂蜜调味即可。

■ **补妈妈壮宝宝：** 西红柿所含的果酸和膳食纤维有助消化、润肠通便的功效，可以防治便秘。这款食疗蔬果汁酸甜可口，在滋润孕妈妈肌肤的同时，还能让孕妈妈的肠道轻松一整天。

西红柿的热量低，做法多样，适合孕妈妈常吃。

孕期失眠

在一天之中，晚上应该是孕妈妈充分休息、调理身体比较适宜的时间，但失眠却让孕妈妈不但不能好好休息，还要忍受着心悸、多梦的困扰。睡前一杯牛奶的做法是对的，因为牛奶有安神的功效。不过，孕妈妈可选择的食物还有很多，可以尝试着换些花样，比如苹果、核桃、燕麦、橙子、百合等。

芹菜杨桃汁

杨桃营养价值较高，可增强机体抗病能力。

原料：芹菜 3 根，杨桃 1 个，葡萄 10 颗。

做法：①将所有材料洗净，芹菜切段；杨桃切块；葡萄去皮，去子。②将所有材料放入榨汁机中，加适量水，搅打均匀即可。

■ **补妈妈壮宝宝：**芹菜有消除紧张、镇静情绪的功效，和杨桃、葡萄一同榨汁，能缓解失眠，让孕妈妈身心轻松。

菠萝牛奶饮

菠萝可以改善局部的血液循环，消除炎症和水肿。

原料：橘子 1 个，菠萝 1/4 个，牛奶 100 毫升，薄荷叶、盐水适量。

做法：①橘子去皮，去核，备用。②菠萝去皮，放入盐水中浸泡 10 分钟，切成小块。③将橘子、菠萝块和牛奶一同放入榨汁机中，搅打均匀，点缀薄荷叶即可。

■ **补妈妈壮宝宝：**牛奶中的催眠物质让孕妈妈感到全身舒适，有利于解除疲劳，并迅速入睡。对于体虚导致神经衰弱的孕妈妈，牛奶的安眠效果更明显。

孕期长斑

孕期脑垂体分泌的促黑色素细胞激素增加，导致长斑，虽然这是正常的生理性变化，但孕妈妈还是放不下，总想改变这种状况。不滥用含有激素、铅、汞等有害物质的化妆品是第一步，避免日光直射脸部是第二步。在饮食上，孕妈妈要多吃水果、蔬菜，补充维生素 C，达到食疗祛斑的目的。

🍴 冬枣苹果汁

原料：冬枣 10 颗，苹果 1 个。

做法：①冬枣洗净，去核。②苹果洗净，去核，切块。③将所有材料及适量水一同放入榨汁机中，搅打均匀即可。

■ **补妈妈壮宝宝：**苹果富含维生素 C 和膳食纤维，有助于排出毒素，减少因毒素而形成的痤疮和色斑。经常饮用这款蔬果汁，能淡斑，保持皮肤白皙。剩下的冬枣苹果汁还可以敷脸，是天然的护肤品。

🍴 西红柿蒸蛋

原料：西红柿、鸡蛋各 1 个，盐适量。

做法：①西红柿洗净，去皮，切成小丁，放入油锅中，大火快炒片刻。②鸡蛋加盐打散，加适量水，小火蒸煮。③蒸至七成熟时，放入西红柿丁，继续蒸熟即可。

■ **补妈妈壮宝宝：**这道西红柿蒸蛋口感滑嫩，酸而不腻，营养均衡，可以作为孕妈妈的正餐，还能淡化斑点，让孕妈妈皮肤更光洁。

如果作为正餐主菜，还可以加些肉末，味道会更好。

孕期水肿

一般来说，当孕妈妈的子宫大到一定程度的时候，有可能会压迫静脉回流，出现水肿症状。随着怀孕周数的增加，孕妈妈的水肿症状会日益明显。当水肿症状出现时，孕妈妈要注意休息，睡觉的时候要抬高下肢。在饮食上，孕妈妈要口味清淡，吃一些能消除水肿的食物，如冬瓜、西瓜、绿豆、梨、鱼、鸭肉等。

🍴 三豆饮

原料： 红豆、绿豆、黑豆各 50 克。

做法： ①红豆、绿豆、黑豆用水浸泡 10~12 小时。②锅中加水，放入红豆、绿豆、黑豆，煮至熟烂，过滤饮用即可。

■ **补妈妈壮宝宝：** 绿豆有清热解毒、消暑止渴、利水消肿的功效，是孕妈妈清热祛暑和防止妊娠水肿的佳品。冬天时空调太热，孕妈妈也可以喝些绿豆汤或绿豆粥。

🍴 鲤鱼冬瓜汤

原料： 鲤鱼 1 条，冬瓜 250 克，盐适量。

做法： ①鲤鱼收拾干净，切块。②冬瓜去皮，去瓤，洗净，切成薄片。③将鲤鱼、冬瓜片一同放入锅中，加水，大火烧开。④转小火炖至食材熟透，加盐调味即可。

■ **补妈妈壮宝宝：** 鲤鱼中优质蛋白质含量高，而且容易被吸收，对胎宝宝的骨骼发育非常有利。更重要的是孕妈妈吃鲤鱼可以消除水肿，而新妈妈吃鲤鱼可以下气通乳。

胎动不安

孕期胎动有下坠感,轻度腰酸腹痛,以及阴道内有少许血液流出的症状被称为胎动不安。胎动不安常常是流产的先兆,如果持续发作,流血增多,腰酸腹痛剧烈,孕妈妈要及时就医。饮食上,孕妈妈要多吃清淡滋补的食物,增加蛋白质和维生素的摄入量,忌食辛辣、破血的食物,如辣椒、芥末、山楂、三七等。

🍴 莲子芋头粥

原料: 糯米 50 克,莲子、芋头各 30 克。

做法: ①将糯米、莲子洗净,莲子泡软。②芋头洗净,去皮,切成小块。③将莲子、糯米、芋头块一同放入锅中,加适量水同煮至熟即可。

■ **补妈妈壮宝宝:** 莲子有补肾安胎的功效,孕早期食用还能增加营养,预防流产。

🍴 糯米红枣糊

原料: 糯米 50 克,红枣 3 颗。

做法: ①红枣去核,备用。②糯米淘洗干净,用水浸泡 4 小时。③糯米放入豆浆机中,加水至上下水位线之间,搅打成汁。④再放入红枣,搅打均匀即可。

■ **补妈妈壮宝宝:** 糯米有补中益气、养胃健脾、固表止汗、止泻、安胎等功效,搭配红枣食用,还能让孕妈妈气色好。

糯米量不能过多,否则会粘住豆浆机。

附录：坐月子吃什么速查

新妈妈要想身体恢复得快，同时为宝宝储存充足的"粮食"，那么以下这些食物就是新妈妈坐月子调理、恢复、进补的好帮手。

产后第1周

鲫鱼： 鱼类，尤其是鲫鱼，富含丰富的蛋白质，可以提高子宫的收缩力，还具有催乳作用。

薏仁： 薏仁非常适合产后身体虚弱的新妈妈食用，可帮助子宫恢复，尤其对排恶露效果好。

香菇： 香菇对促进人体新陈代谢，提高机体适应力和免疫力有很大作用，适合新妈妈食用。

鸡蛋： 鸡蛋中的蛋白质含量高，可以帮助新妈妈尽快恢复体力，新妈妈每天吃1~2个鸡蛋就足够补充所需蛋白了。

香油： 香油中丰富的不饱和脂肪酸，能够促使子宫收缩和恶露排出，帮助子宫尽快复原，同时还能避免新妈妈承受便秘之苦。

南瓜： 南瓜内的果胶有很好的吸附性，可以帮助新妈妈清除体内的毒素。

牛奶： 新妈妈适当喝鲜牛奶有助于保持母乳中钙含量的相对稳定。

产后第2周

红豆： 产后的新妈妈总是觉得自己的身体有点"虚胖"，红豆就可以帮助新妈妈消除肿胀感，排出身体里多余的水分，使身体更轻松，也会让心情变得更舒畅。

芝麻： 芝麻具有滋养肝肾、养血的作用。芝麻中含有丰富的不饱和脂肪酸，非常有利于宝宝大脑的发育。

猪蹄： 猪蹄是传统的催乳食品，还含有丰富的大分子胶原蛋白质，可促进皮肤细胞吸收和贮存水分，使皮肤细润饱满、平整光滑。

鸭肉： 鸭肉性凉，富含蛋白质、脂肪、铁、钾等营养素，有清热凉血的功效。

核桃： 核桃含有钠、镁、锰、铜、硒等多种矿物质及脂肪酸，有健脑益智之功效，适合新妈妈食用。

莲藕： 新妈妈多吃莲藕，能及早清除腹内积存的瘀血，增进食欲，帮助消化，促进乳汁分泌。

产后第 3 周

乌鸡：乌鸡是补气虚、养身体的佳品，食用乌鸡对产后贫血的新妈妈有明显功效。

虾：虾的通乳作用较强，并且富含磷、钙，对产后乳汁分泌较少、胃口较差的新妈妈有补益功效。

牛肉：牛肉有补中益气、滋养脾胃、强健筋骨的功效，适宜产后气短体虚、筋骨酸软的新妈妈食用。

山药：山药有益气补脾、帮助消化、缓泻祛痰等作用，是新妈妈滋补及食疗的佳品。

栗子：栗子味甘性温，含有脂肪、钙、磷、铁和多种维生素，还有补肾的功效，对于产后肾虚腰痛、四肢疼痛的新妈妈能起到很好的补益作用。

红枣：红枣具有益气养肾、补血养颜、补肝降压、安神、治虚损之功效。产后气血两亏的新妈妈，坚持用红枣煲汤食用，能够补血安神。

菠菜：菠菜可利五脏、通血脉，以及止渴润肠、滋阴平肝、助消化。

香蕉：香蕉含丰富的可溶性膳食纤维，也就是果胶，可帮助新妈妈消化，调整胃肠机能，预防便秘。

产后第 4 周

牛蒡：牛蒡富含人体所需要的多种矿物质、氨基酸，可帮助新妈妈排便，降低体内胆固醇含量，减少毒素、废物在体内的积存。

鳝鱼：鳝鱼有很强的补益功能，对身体虚弱的新妈妈更为明显，它有补气养血、温阳健脾、滋补肝肾、祛风通络等功能。

猪肝：肝脏是动物体内储存养料和解毒的重要器官，含有丰富的营养物质，具有营养保健功能，是理想的补血佳品之一。

桂圆：桂圆可补心脾、补气血、安神，适用于产后体虚、气血不足或营养不良、贫血的新妈妈食用。

枸杞子：枸杞子的营养成分丰富，是营养丰富的天然食物。它有促进和调节免疫功能、保肝和抗衰老的药理作用，具有不可代替的药用价值。

猪肚：猪肚含有蛋白质、脂肪、碳水化合物、维生素，以及钙、磷、铁等，适用于气血虚损、身体瘦弱的新妈妈食用。

橘子：橘子含大量维生素，其中维生素 C 较多，既补营养又美容。

产后第 5 周

糯米：糯米有补虚补血、健脾暖胃的作用，富含蛋白质、钙、磷、铁、B 族维生素等营养素，可促进新妈妈肠道蠕动，有助于增强新陈代谢。

干贝：干贝具有滋阴补肾、和胃调中的功效，能治疗头晕目眩、脾胃虚弱等症，有助于身体虚弱的新妈妈补益健身。

平菇：平菇具有补虚的功效，可以改善人体新陈代谢、增强体质，对于体弱的新妈妈有一定的调理作用。

豆干：豆干含有多种矿物质，有助于预防因缺钙引起的骨质疏松，对宝宝的牙齿、骨骼发育也有好处，非常适合哺乳的新妈妈食用。

银鱼：银鱼营养价值很高，具有祛瘀活血、益脾润肺等功效，适宜营养不足、脾胃虚弱、消化不良的新妈妈食用。

芥蓝：芥蓝含有大量膳食纤维，且有一定的苦味，能刺激新妈妈的味觉神经，增进食欲，可加快肠道蠕动，有助于消化。

产后第 6 周

菠萝：菠萝含有的蛋白酶能分解鱼、肉中的蛋白质，同食能够促进营养的消化吸收，菠萝中的膳食纤维有助于排毒瘦身。

火龙果：火龙果富含膳食纤维，既能增加饱腹感，又能减少人体对脂肪的吸收，从而达到控制体重的目的。

茭白：茭白热量低、水分高，而且吃后易有饱腹感，是有减肥瘦身需求的新妈妈的理想食物。

竹笋：竹笋含脂肪、淀粉很少，属天然低脂、低热量食物，其丰富的膳食纤维能促进肠道蠕动，帮助消化，预防便秘，是减肥的佳品。

鸡肉：鸡肉的蛋白质含量高，且消化率高，很容易被人体吸收利用，有增强体力、强壮身体的作用，脂肪含量比畜肉低，新妈妈适当吃鸡肉，不易引起肥胖。

猕猴桃：猕猴桃富含维生素 C、膳食纤维，可以促进脂肪分解，预防脂肪堆积，是新妈妈瘦身的好食材。